남극은 왜?

남극은 왜?
남극에 대한 119가지 오해와 진실

2013년 7월 01일 초판 2쇄 발행
2011년 6월 20일 초판 1쇄 발행
지은이 장순근

펴낸이 이원중 책임편집 김명희 교정 박미경 디자인 정애경 지도 안상희
펴낸곳 지성사 출판등록일 1993년 12월 9일 등록번호 제10－916호
주소 (121－829) 서울시 마포구 상수동 337－4 전화 (02) 335－5494～5 팩스 (02) 335－5496
홈페이지 www.jisungsa.co.kr 블로그 blog.naver.com/jisungsabook 이메일 jisungsa@hanmail.net
편집주간 김명희 편집팀 김재희 디자인팀 이향란, 이윤화

ⓒ 장순근 2011

ISBN 978-89-7889-239-1 (03440)

이 도서의 국립중앙도서관 출판시도서목록(CIP)은 e-CIP 홈페이지(http://www.nl.go.kr/ecip)에서
이용하실 수 있습니다. (CIP제어번호: CIP 2011002362)

남극에 대한 119가지 오해와 진실

남극은

장순근 지음

왜 ?

지성사

우리나라 원양 어선 '남북호'가 1978년 말부터 1979년 초까지 남빙양에서 크릴을 잡고 바다를 조사하면서, 남극은 우리의 관심을 끌기 시작했다. 그러나 이는 남극의 바다에만 국한된 활동이었고, 우리나라 사람이 남극 대륙을 탐험한 것은 1985년 11월부터 12월에 걸친 한국해양소년단연맹의 한국남극관측탐험대가 처음이었다. 이후 정부도 남극에 관심을 가져 남극조약에 가입하고 1988년 2월 17일 남극에 세종기지를 준공하였다. 세종기지가 완공되면서 언론에 여러 차례 소개되어 남극은 다시 한 번 사람들의 관심을 끌게 되었다.

이렇게 텔레비전이나 신문을 통하여 알게 된 내용만으로 우리는 남극과 세종기지를 어느 정도 안다고 생각한다. 그러면서도 여전히 남극을 몹시 춥고 가 보기 힘든 곳으로 여긴다.

이 책은 남극에 관한 오해하기 쉬운 내용을 바로잡고, 상식으로

알아 두어야 할 사실을 전하려고 기획하였다. 우리나라가 극지에서 진행하는 연구 내용을 설명하고, 왜 쇄빙선을 만들었으며 남극 대륙에 기지를 지었는지 그 이유를 함께 고민하려고 한다.

이 책은 한국해양연구원 부설 극지연구소 지구시스템연구부의 연구 과제 PE11070연구 책임 서기원의 도움을 받았다. 이에 깊은 감사를 표하며, 더불어 책을 펴낸 지성사의 편집부 여러분에게도 고마운 마음을 전한다. 그분들의 노력이 없었다면 이 책은 세상에 나오지 못했을 것이다.

인천 송도에서

장순근

■차례

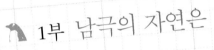

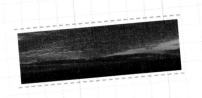

2부 사람은 남극에서

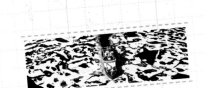

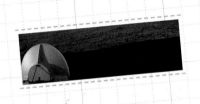
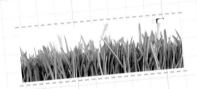

🐧 3부 우리나라는 남극에서

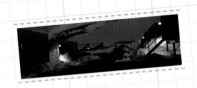

1부 남극의 자연은

우리가 알고 있는 남극은 기온이 섭씨 영하 수십 도까지 내려가 대단히 추운 곳이
혹시 이보다 기온이 높은 곳은 없을까? 남극에서는 '감기에 걸리지 않는다' 는데
실일까? 남극과 북극은 어떻게 다를까? 다르다면 왜 다를까?

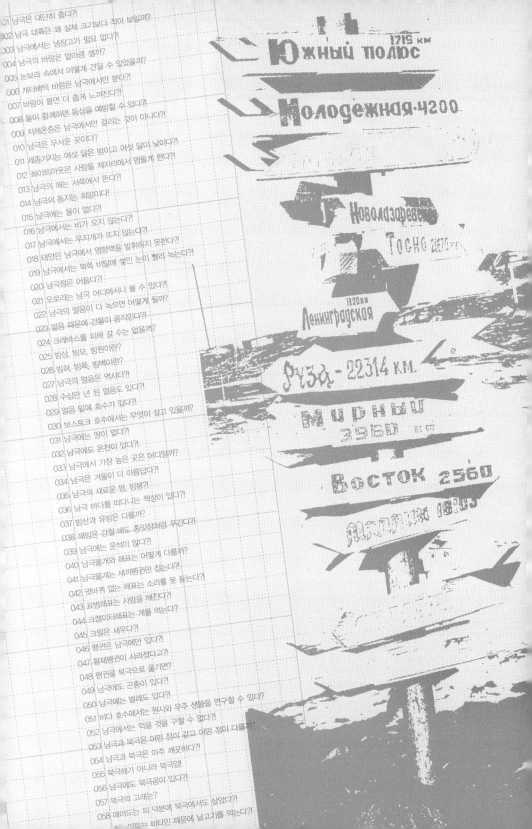

1 남극의 추위와 눈보라는

001

남극은 대단히 춥다?!

우리는 남극이 무척 춥다는 것을 잘 알고 있다. 그런데 춥다면 얼마나 추운 것일까? 지금까지 남극에서 측정한 기온 가운데 가장 낮은 온도는 섭씨 영하 89.2도이다. 남위 78도 28분, 동경 106도 48분, 해발 3488미터 높이에 있는 러시아 보스토크 기지에서 1983년 7월 21일에 잰 기온이다. 이 기지는 평소에도 온도가 낮아 연평균 기온이 섭씨 영하 55.4도이다. 온도가 가장 높았던 것은 2002년 1월 11일의 섭씨 영하 12.2도였다. 이 기지에는 20명 남짓한 러시아 사람이 머

남극 대륙의 거의 모두를 덮은 눈과 얼음이 햇빛을 반사해 기온을 낮춘다.

물며 연구와 관측 활동을 하고 있는데, 기온은 낮아도 바람이 거세
지 않아서 견딜 만하다고 한다. 거대한 남극 대륙은 주로 육지로 된
안쪽의 높은 고원 지대, 곧 대륙성 남극으로 가면 갈수록 기온이 낮
아진다.

남극이 이렇게 추운 이유는 남극 대륙의 평균 높이가 2500미터
정도로 대륙 가운데 가장 높으며, 대륙을 덮고 있는 얼음과 눈이 따
뜻한 태양빛을 거의 반사하고, 얼어붙은 바다 위의 북극과는 달리

땅으로 되어 있기 때문이다. 보통 기체인 공기대기보다는 고체인 땅이 열을 잘 흡수하기 때문에 태양열을 많이 흡수하는 지면에서 멀어질수록 기온은 내려가므로, 대륙의 고도가 높은 남극은 그만큼 기온이 내려갈 수밖에 없다. 또 태양열을 흡수해야 하는 지면은 눈이나 얼음으로 덮여 있어 태양빛을 반사하므로 태양열을 흡수하는 양이 다른 곳에 비해 적어 기온은 더 내려간다. 땅은 바다보다 빨리 더워지고 빨리 식어 주변의 온도를 크게 올리거나 낮추는데, 기온이 워낙 낮은 남극은 추위의 영향을 더 받게 된다.

그렇다면 남극 전체가 섭씨 영하 수십 도의 혹한일까? 우리는 흔히 '남극' 하면 몹시 추운 곳이라 생각한다. 아마도 어릴 적에 아문센과 스콧의 남극 탐험 이야기를 읽거나 들으면서, 그들의 고생이 머릿속에 깊이 새겨졌기 때문일 것이다. 스콧의 대원 한 사람은 얼음 틈새에 빠졌다가 구조되었으나 끝내 살아나지 못하였으며, 또 다른 한 사람은 눈보라 속에서 스스로 사라졌다는 이야기들이 남극은 몹시 추운 곳이라는 인식을 굳어지게 한 것 같다. 실제로 그들이 탐험한 남극 대륙의 안쪽은 기온이 정말 낮다. 게다가 최근의 연구 결과에 따르면 그들이 탐험했을 때에는 기온이 더 낮았다고 한다.

남극점에 도달한 스콧 일행 그들은 탐험을 마치고 돌아오다가 조난당해 모두 죽었다.

그러나 남극은 워낙 넓은 지역이라 우리가 알고 있는 것처럼 몹시 추운 곳도 있지만, 그렇지 않은 곳도 있다. 예를 들면, 남극반도 일대인 해양성 남극의 기온은 대륙성 남극에 비해 그렇게 낮지 않다.

마르

남극 대륙은 왜 실제 크기보다 작아 보일까?

남극은 남위 60도 남쪽의 바다와 땅을 말한다. 남극은 남빙양이라는 광대한 바다로 둘러싸여 있으며, 지구 육지의 9.2퍼센트를 차지하는 거대한 대륙이다. 남극은 오스트레일리아는 물론 유럽보다도 크며, 중국과 몽골 2개를 합친 넓이로 아주 넓은 땅인데 그렇게 커 보이지 않는다. 왜 그럴까?

우리는 주로 적도를 중심으로 한 열대 지방과 온대 지방의 지도를 사용한다. 대부분의 사람이 그 지역에 모여 살기 때문이다. 그런 지도에서 남극은 아래쪽에 아주 작게 그려지기 마련이다. 그래서 남극이 크다는 생각이 전혀 들지 않는다. 그렇다고 남극 대륙의 지도만 펼쳐 보면 다른 대륙과는 비교할 수 없다. 남극이 지도의 거의 전부를 차지하기 때문이다. 공처럼 입체로 된 지구를 평면에 그리면서 생기는 어쩔 수 없는 현상이다. 실제 남극은 육지 면적의 11분의 1 정도를 차지하는 결코 작지 않은 곳이다.

남극이 얼마나 큰지 가늠하려면, 지구본을 보면 정확하고 쉽게 알 수 있다. 공 모양으로 생긴 지구본에서는 남극의 넓이가 정확하게 나타난다. 아니면 구하기는 좀 힘들지만, 남극 대륙을 중심으로

남극과 북극을 다른 대륙과 함께 볼 수 있는 지도
남극 대륙의 크기를 가늠할 수 있다.

남극과 북극이 한눈에 보이도록 만든 지도를 보면 된다. 물론 그런 지도도 입체인 지구를 평면에 그리면서 지역에 따라 늘어나기도 하고 줄어들기도 하지만, 남극이 오스트레일리아나 유럽보다 크게 나타나 극지방은 좀 더 정확하게 그려졌다는 것을 알 수 있다.

마치 거대한 가오리를 닮은 남극 대륙은 동반구는 동남극, 서반구는 서남극으로 나누거나, 남극을 종단하는 남극종단산맥을 중심으로 큰 남극과 작은 남극으로 나눈다. 큰 남극이 작은 남극보다 훨씬 넓고 바위도 더 오래되었으며, 얼음도 더 두껍고 높이도 높을 뿐 아니라 기온도 더 낮다. 또 지대가 높고 주로 육지로 된 남극 중심부의 대륙성 남극과, 남극반도 북쪽 지역과 바닷가를 아우르는 해양성 남극으로 나누기도 한다.

003

남극에서는 냉장고가 필요 없다?!

기온이 낮은 남극에서는 냉장고는 물론 냉동고도 필요 없을 것이라는 생각이 든다. 기온이 워낙 낮아 고기 같은 식품을 상온에 보관해도 상할 염려가 없을 것 같기 때문이다. 실제로 월평균 기온이나 하루 최고 기온이 영상으로 올라가지 않는 남극 대륙 안쪽의 추운 곳이라면 식품을 보관할 냉동고가 없어도 된다. 남극에서 가장 추운 곳에 있는 러시아의 보스토크 기지에서는 눈에 덮여 잃어버리는 것만 해결한다면 냉동고 없이도 생활하는 데 불편이 없을 것 같다. 이 기지에서는 어쩌다 기온이 섭씨 영하 20도만 되어도 아주 따뜻한 날씨이기 때문이다.

그러나 남극에도 냉동고와 냉장고는 있다. 냉장고를 사용하지 않으면 추운 날씨에도 물건을 꺼내려면 일일이 바깥으로 나가야 하고, 연구 재료 같은 것은 정확한 온도로 냉장하거나 냉동해야 할 필요가 있기 때문이다.

우리나라의 남극 기지인 세종기지도 마찬가지이다. 만약 냉장고가 없다면 차게 보관해야 하는 모든 것을 바깥에 놓아두어야 하는데, 보관하기도 쉽지 않고 필요할 때마다 찾는 것도 번거롭다. 또 여름에는 도둑갈매기가 먹이인 줄 알고 덤벼들어 성가시고, 겨울에는 주변이 온통 눈으로 뒤덮여 물건을 찾기가 쉽지 않을 것이다. 세종기지 주변에서 흔히 볼 수 있는 도둑갈매기는, 근처 바닷가에서는 펭귄보다 더 자주 볼 수 있는 새이다. 펭귄의 알이나 새끼를 주로 잡아먹고 사는 도둑갈매기는 아주 똑똑한 데다가 식성이 좋아서 웬만한 것은 다 먹어 치운다. 간혹 쓰레기봉투를 찢어 흩어 놓아 연구원들의 눈총을 사기도 한다. 물론 아무리 갈매기가 덤벼들고 눈에 덮

남극의 매라고 불리는 도둑갈매기 부부와 어린 새

여 물건 둔 곳을 찾기 어려워도 냉동고와 냉장고가 없다면 할 수 없이 바깥에 보관하면서 이런 고충을 피할 방법을 찾아야겠지만, 굳이 그럴 필요가 없다. 게다가 여름인 12월부터 다음 해 3월까지는 월평균 온도가 영상이고, 사무실이나 연구실은 실내 온도를 섭씨 20도 정도로 유지하므로 남극에서도 냉장고는 없어서는 안 되는 가전제품이다.

004

남극의 바람은 얼마큼 셀까?

바람은 내륙보다는 바닷가가 더 세기 마련이다. 바람이 세게 불면 사람들은 어떻게 걸을까? 여름에 우리나라로 태풍이 올라와 가로수가 뽑히고 전신주가 쓰러질 때의 바람 속도풍속가 초속 15미터 정도라고 한다. 이 정도 풍속에도 사람들은 두려움을 느끼는데, 그 속도가 초속 25미터를 넘으면 사람은 바람을 안고 걷기가 힘들어진다. 그래서 몸을 앞으로 숙이거나 옆으로 돌려서 바람의 저항을 덜 받아야 앞으로 나아갈 수 있다. 바람이 더 거세지면 숨쉬기조차 힘들어지고, 그 속도가 초속 40미터를 넘으면 몸의 균형을 잃고 비틀거리거나 쓰러질 수 있다. 이보다 조금 더 바람이 심해지면 제대로 서서 걸을 수 없어 결국 땅 위에 엎드려 기어갈 수밖에 없다.

실제로 사람이 기어 다닐 만큼 바람이 거세게 부는 곳이 있을까? 있다. 바로 남극 대륙이다. 남극의 기후 특징 가운데 하나가 바람이 아주 세다는 것이다. 1910년부터 1912년까지 남극 대륙을 탐험한 오스트레일리아의 더글러스 모슨 경이 그런 경험을 하였다. 물론 남극 대륙에서도 바람이 가장 세다는 동남극 커먼웰스 만 일대에서 겪은 일이다. 눈보라가 심하게 몰아칠 때에 물을 만들 얼음을 구하러 캠프 밖으로 나간 탐험대는 기어 다니며 얼음을 깨야 했다. 그때의 사진을 본 적이 있는데 땅에 엎드려 기지는 않지만 몸을 아주 깊이 숙이고 걸어서 마치 허공에 엎드려 재주를 부리는 것처럼 보였다. 동남극 커먼웰스 만의 연평균 바람 속도는 초속 22.2미터이다. 일 년 내내 이렇게 바람이 세게 분다는 것은 바람이 센 남극에서도 상상하기 힘들다. 그런데 심하면 초속 27~36미터의 바람이 며칠씩 불어 댔고, 5월 어느 날은 하루 종일 초속 45미터의 강풍이 몰아쳤다고 한다. 이럴 때에는 바닥에 댄 못의 길이가 2.5센티미터인 보통 크램폰아이젠은 신어도 바람에 밀려가므로 못의 길이가 4센티미터인 크램폰을 신어야 했다. 강풍이 불어 실제 기온보다 더 추웠고, 눈과 얼음 조각이 바람에 날리면서 물건이 깎여 나갔다고 한다. 바로 옆에 서 있는 사람의 목소리가 들리지 않아 손으로 신호를 하거나 귀에 대고 큰 소리로 말해야 했고, 바닷가에서 일할 때에는 바람에 밀려가지 않으려고 두 사람이 몸을 밧줄로 서로 묶은 뒤에 한 사람은 피

켈로 얼음을 찍어 몸을 고정시키고 다른 사람은 일을 해야 할 정도였다고 한다. 모슨 경은 후에 커먼웰스 만에서 경험한 것을 『눈보라의 고향 _바람 위에 엎드려』라는 책으로 펴냈다.

005

눈보라 속에서 어떻게 견딜 수 있었을까?

강한 바람이 불면 쌓였던 눈과 얼음이 바람에 날려서 심할 때에는 불과 몇 미터 앞도 보이지 않는다. 또 기온이 갑자기 떨어지기도 한다. 이럴 때에 외출을 했다가는 눈보라 속에서 길을 잃고 헤매다 큰일을 당할 위험이 있다.

그런데 이런 환경에서 살아난 사람이 있었다. 1990년 국제남극종단탐험대에서 눈썰매를 끄는 개의 먹이를 담당했던 일본 사람이다. 그는 개에게 먹이를 주고 돌아섰는데, 갑자기 눈보라가 심해져서 텐트를 찾을 수 없었다. 하는 수 없이 눈보라를 피해 바위 뒤에 쌓인 눈을 파고 들어앉았다. 단 몇 십 초 만에 눈이 그를 완전히 덮었다. 숨이 막힌 그는 드라이버로 머리 위에 쌓인 눈을 뚫어 숨구멍을 만들었다. 의외로 눈 속은 따뜻해 견딜 만했다고 한다.

같은 탐험대의 동료들은 개 먹이를 주러 나간 동료가 돌아오지 않자 그를 찾아 나섰다. 5명의 동료는 눈 속에서 길을 잃을까 두려워 서로의 몸을 밧줄로 묶어 의지했다. 동료들은 그가 있음 직한 곳을 중심으로 빙빙 돌며 그를 찾아 한참 동안 눈보라 속을 헤맸으나 끝

눈보라 때문에 뿌옇게 보이는 건물들

내 그를 찾을 수 없었다. 동료들은 그가 실종되었다고 여기고 텐트로 돌아왔다. 목적지를 코앞에 둔 탐험 막바지에 동료를 잃어 그들의 상심은 이만저만이 아니었다. 그렇게 밤이 지나고 다음 날 아침 눈보라가 약해졌을 때, 눈 속에 묻혀 있던 일본인 대원은 '버섯'처럼 불쑥 솟아올랐다. 그는 멀리서 동료 대원들이 자신을 부르는 소리를 들었지만, 꼼짝 않고 앉아 있었단다. 괜히 눈보라 속에 나섰다가 자칫하면 아예 길을 잃을까 봐 두려웠기 때문이다.

눈보라가 심하게 몰아칠 때에는 하늘에서도 눈이 쏟아져 내리고, 쌓이거나 얼어붙었던 눈이 바람에 깎여 함께 날려서 눈을 뜰 수 없는 지경이지만 희한하게도 그런 눈보라가 그친 다음 날에는 어김없이 찬란한 태양이 모습을 드러낸다. 알 수 없는 자연의 조화이다.

006

캐터배틱 바람은 남극에서만 분다?!

낯선 이름의 이 바람은 남극 대륙 안쪽의 높은 곳에서 낮은 곳으로 부는 강한 바람이다. 이 바람이 부는 원리는 정확히 알려지지 않았으나, 간단하게 대륙 안쪽 높은 곳의 차고 무거운 공기가 그 무게 때문에 해안 쪽으로 굴러 내려간다고 생각하면 된다. 그래서 중력 바람이라고도 한다. 남극은 기온이 워낙 낮아서 바람의 방향과 속도가 온대 지방의 바람과 달리 기압의 영향을 받지 않고 얼음이 덮인 높은 지형의 영향을 받는다.

캐터배틱 바람의 방향이나 풍속은 지형에 따라 크게 다르다. 이 바람이 부는 근본 원리는 공기가 지형이 높은 곳에서 낮은 곳으로 가장 짧은 경로를 찾아 하강하는 것으로, 바람이 경사를 따라 내려 분다. 눈이 날리는 방향을 보면 바람의 방향도 알 수 있다.

낮은 지대로 내려온 캐터배틱 바람은 바다의 덜 차가운 공기를 만나면 대륙을 감싸는 좁은 폭풍대를 만든다. 이 폭풍대에는 세찬 바람이 불고 심한 안개가 끼며 극심한 눈보라가 인다. 1911~1914년에 남극을 탐험한 모슨 경이 경험한 바람도 바로 이 바람이다.

세종기지는 바닷가에 있는 데다 부근에 얼음으로 덮인 높은 산이 없어서 심한 캐터배틱 바람은 불지 않는다.

007

바람이 불면 더 춥게 느껴진다?!

추위는 기온에 비례하지 않는다. 사람은 기온이 같아도 바람이 세면 훨씬 춥다고 느끼는데, 이렇게 몸으로 느끼는 추위를 체감 추위라고

해빙 위에 쌓여 있던 눈이 심한 바람에 휩쓸려 마치 파도 같은 무늬가 생겼다.

한다. 예를 들어 기온이 섭씨 영하 12.2도인데 초속 10미터의 바람이 불면 사람은 섭씨 영하 30도 정도로 느끼고, 섭씨 영하 18도에 초속 15미터의 바람이 불면 체감온도는 섭씨 영하 40도 정도로 떨어진다. 이는 찬 바람이 불면 물이 빨리 식는 것과 같은 원리이다. 남극에서는 낮은 기온에 찬 바람이 더해져 사람 몸의 열을 순식간에 빼앗아가므로 체감온도도 낮다.

사람은 모자란 에너지를 보통 음식으로 보충하는데 기온이 1도 낮아지면 75칼로리가 더 필요해진다. 그래서 평균 기온이 섭씨 10도 정도인 곳에서 살던 우리나라 사람이 평균 기온이 섭씨 영하 10도인 남극 지역으로 옮겨가 생활하게 되면 평소보다 1500칼로리를 보충해 주어야 한다. 사람은 평소보다 먹는 양을 갑자기 늘리기가 생각처럼 쉽지 않으므로 양은 적어도 열량이 높은 호두, 땅콩 같은 견과류를 많이 먹으면 좋다.

008

둘이 함께하면 동상을 예방할 수 있다?!

사람의 살과 뼈가 추위를 견디지 못하면 생기는 것이 동상이다. 동상에 걸린 부분은 살이 굳고 밀랍처럼 하얗게 변하며, 차가워지면서 감각이 없어진다. 동상은 차가운 공기와 직접 닿는 부위에 잘 걸리므로 얼굴에 가장 잘 걸리고 손가락과 발가락도 걸릴 확률이 높다.

동상에 걸리지 않으려면 스스로 조심하는 것이 제일 중요하다.

먼저 공기에 그대로 드러나는 귀, 코, 뺨, 손가락, 발가락 같은 부분을 목도리나 장갑, 양말로 감싸 주어야 한다. 구멍 난 장갑을 끼거나 신발을 신지 않는 것도 중요하다. 물이 들어와 얼면 손가락이나 발가락에 동상이 생기는데, 이미 감각을 잃은 상태이기 때문에 모르고 넘어가기 쉽다. 손가락이나 발가락이 시리다가 감각이 없어지면 동상을 의심해야 한다. 두 번째는 혈액 순환이 잘 되지 않는 손이나 발에 꼭 끼는 장갑이나 양말, 등산화는 피한다. 양말은 신었을 때에 접히는 부분이 있으면 안 된다. 혈액 순환을 방해하기도 하지만 감각을 무디게 해서 동상이 걸려도 그것을 느끼지 못하기 때문이다. 세 번째는 될 수 있으면 땀을 흘리지 않도록 조심한다. 땀이 얼면 동상에 걸리기 쉽기 때문이다. 어쩔 수 없이 땀을 내야 하는 상황이라면 공기가 잘 통하는 옷을 입고, 그래도 땀이 많이 나면 겉옷을 벗거나 일하는 속도를 늦추어야 한다. 양말도 젖지 않도록 해야 한다.

중무장을 하고 운석을 찾아 나선 월동대원

한겨울에 밖에서 일하고 있는 월동대원들

남극처럼 기온이 낮은 곳에서 일할 때에는 두 사람 이상이 짝을 지어 함께하면서 서로 상대방의 얼굴을 살펴봐야 한다. 너무 추워서 감각을 잃어버리기 때문에 정작 동상에 걸려도 자신은 느끼지 못하므로 다른 사람이 눈으로 확인해 주어야 한다.

동상에 걸린 것을 알아챘으면 되도록 빨리 의사에게 보여 치료를 받아야 한다. 치료하기도 전에 동상 부위가 녹았다가 다시 얼면 그만큼 치료하기가 어려워진다.

009

저체온증은 남극에서만 걸리는 것이 아니다?!

추운 곳에서 옷을 제대로 갖추어 입지 않으면 체온이 떨어져 저체온증에 걸릴 염려가 있다. 저체온증은 뇌, 간, 허파, 콩팥처럼 중요한 장기의 온도가 내려가 체온이 35도 아래로 내려가는 것으로, 한마디로 얼어 죽는 것이다.

저체온증에 걸리지 않으려면 열량이 높은 식품을 먹고, 옷을 따뜻하게 입어 체온을 유지해야 한다. 그래서 남극에서는 한여름인 12월부터 이듬해 2월 사이에도 바깥으로 나갈 때에는 초콜릿과 여분의 양말이나 옷을 챙겨 나간다. 또 갑자기 날씨가 변할 때를 대비하여 텐트, 식량, 난로, 연료, 라이터도 준비해 갖고 다니는 것이 안전하다. 몸이 물에 젖은 채로 찬 바람을 맞으면 체열이 급격히 낮아질 수 있어 저체온증에 걸릴 염려가 높으므로 고무보트를 탈 때에도 체온을 유지하는 데 각별히 신경써야 한다. 바다에서는 바닷물에 젖는 것도 무섭지만 찬 바람도 무섭기 때문에 이에 대한 대비도 해야 한다. 실제로 2001년 여름, 남극 킹조지 섬에서는 고무보트를 타고 남극 생물을 조사하러 나섰다가 바람이 불어 들이친 파도에 몸이 젖어 저체온증에 걸린 아르헨티나 기지의 대원을 칠레의 헬리콥터가 구조한 적이 있었다.

체온이 갑자기 떨어져 생기는 저체온증은 남극에서만 걸리는 것은 아니다. 어디에서든 추운 날씨에 제대로 준비하지 않은 채 밖으로 나간다거나 바람이 센 높은 산이나 고개를 오르다가도 걸린다. 예를 들면, 우리나라에서도 몇 년 전에 따뜻하게 옷을 입지 않은 사람들이 저체온증에 걸려 조난당한 사실이 보도되었던 적이 있었다.

010

남극은 무서운 곳이다?

남극 자체는 준비만 잘 하면 특별히 무섭거나 위험한 곳이 아니다. 그래도 사람을 위협하는 몇 가지 요소는 있다. 바로 혹독한 추위와 빙하 표면에 생긴 깊은 균열인 크레바스 같은 것이다. 매일 섭씨 영하 수십 도에 이르는 추위는 사람의 힘으로 어찌할 수가 없어서 무섭고, 크레바스는 일단 빠지면 몸이 상하는 데다 때로는 헤어나지 못하고 죽음에 이를 수도 있기 때문이다.

남극에서 또 하나 무서운 것은 바로 섭씨 영하 2도에서 영상 2도를 오가는 바닷물이다. 특수한 구명복을 입지 않은 채 바닷물에 빠졌다면 바닷물 속에서 살아 나오기 힘들다. 바다에 빠졌다는 공포심과 몸속으로 파고드는 물 때문에 다리와 팔은 점점 마비되어 갈 것이다. 혹은 고무로 만든 구명복만 믿고 안에 얇은 옷을 입으면 구명복과 얇은 옷을 통해 전해지는 추위를 견디기 힘들다. 고무는 방수가 되어 물은 스며들지 않지만 온도를 잘 전달하는 성질이 있어서 어깨나 팔과 다리에 바닷물의 한기가 그대로 전해지기 때문이다.

세종기지 부근의 바다에 빠졌다가 다행히 살아난 사람이 있다. 그는 물에 빠지자 당황하지 않고 두 손을 가슴 위에 모은 채 조용히 누웠다고 한다. 그랬더니 구명복 덕분에 몸이 저절로 바닷물 위로 떠올랐다. 당장 물이 몸속을 파고드는 것이 아니므로 잠깐 여유가 생겨서 물에 뜬 채로 편하게 누워 있으려니까 문득 '아, 사람이 이렇게 죽는구나.' 하는 생각이 들었다고 한다. 그 순간 두 살배기 딸 내미의 얼굴이 눈앞에 떠오르면서 무조건 살아야겠다는 생각에 헤엄을 치기 시작했고, 결국 구조되었다. 딸이 아빠의 목숨을 구한 셈이다.

세종기지 북서쪽에 얼음이 흘러내리면서 빽빽하게 생긴 크레바스(위)와 북극의 빙하 표면에 생긴 크레바스(아래)

2 남극의 하늘은

011

세종기지는 여섯 달이 밤이고 여섯 달은 낮이다?!

어릴 때에 "남극은 밤이 여섯 달 동안 이어지고, 나머지 여섯 달은 낮이 지속된다."는 말을 들어서 그렇게 알고 있는 사람이 많다. 과연 그럴까?

남극권인 남위 66.5도보다 남쪽으로 더 가면 하루 24시간이 낮이거나 밤인 날이 생기며, 남쪽으로 갈수록 그런 날은 많아진다. 예를 들면, 남위 74도에서는 밤과 낮이 각각 2개월씩 이어져서 11월 하순부터 1월 하순까지는 낮이고 5월 하순부터 7월 하순까지는 밤이다. 나머지 기간에는 밤과 낮이 번갈아 있다. 좀 더 남쪽으로 내려간 남위 80도에서는 대략 4개월씩 밤이거나 낮이며 나머지 4개월 동안은 밤과 낮이 교차한다. 남극점인 남위 90도에 이르면 문자 그대로 여섯 달은 밤, 여섯 달은 낮이다. 대략 9월 하순부터 3월 하순까지는 낮이고 나머지 기간은 밤이다. 낮과 밤이 여섯 달씩 지속된다는 것은 남극점의 일이 남극 전체의 일로 잘못 알려진 것이다.

남극권보다 북쪽에 있는 세종기지는 일 년 내내 매일 밤과 낮이 다 있다. 여름에는 밤늦게 어두워져서 새벽 일찍 밝아지고, 겨울에는 반대로 오전 10시쯤 밝아져서 오후 2~3시면 어두워지기는 하지만 낮이나 밤이 계속되는 날은 없다. 그런데 북극의 다산기지는 위도가 북쪽으로 치우쳐 있어서 낮이나 밤이 계속되는 날이 있다. 북위 78도 56분, 동경 11도 56분에 있는 다산기지에서는 4월 중순부터 123일 동안은 낮만 계속되고 10월 하순부터 다음 해 2월까지 116일간은 밤만 이어진다. 위도에 따른 밤과 낮의 길이는 아주 복잡한 천문 문제인데 여기서는 대략 설명하였다.

미로

화이트아웃은 사람을 제자리에서 맴돌게 한다?!

우리가 멀고 가까움이나 높고 낮음을 가늠할 수 있는 것은 그림자 같은 것이 있어서 다른 물체와 비교할 수 있기 때문이다.

흰 눈으로 덮인 남극에서는 하늘이 갑자기 흐려지거나 바다에

안개가 끼면 얼음도 하얗고 하늘도 하얗게 보이는 화이트아웃whiteout 을 경험할 확률이 높다. 화이트아웃은 말 그대로 온 세상이 하얗게 보이는 현상이다. 온 천지가 하얗게 보여 거리나 높낮이를 전혀 가늠할 수 없다. 그래서 비행하던 헬리콥터나 비행기가 산에 부딪히거나 설상차가 크레바스에 빠지는 일이 일어난다. 실제로 남극에서 일어난 헬리콥터 사고의 90퍼센트는 화이트아웃 때문이다. 화이트아웃은 사람에게만 일어나는 것이 아니라 하늘을 나는 새들에게도 일어나 새가 눈밭이나 빙벽에 부딪히는 수가 있다.

기지를 나섰다가 화이트아웃을 만나면 두려움이 몰려오면서 마음이 급해진다. 그래서 조급한 마음에 서두르다 보면 길을 잃고 헤매다가 힘이 빠지고 땀을 많이 흘려 자칫 조난을 당하기 십상이다. 또 스스로는 당황하지 않고 제대로 방향을 잡아 가고 있다고 생각하지만, 실제로는 한 점을 중심으로 빙빙 도는 환상방황環狀彷徨을 하는 경우도 많다. 안개가 자욱하게 낀 바다에서는 배도 방향을 잃고 빙빙 도는 일이 일어날 수 있다. 한 가지 덧붙이면, 남극의 공기는 건조하고 깨끗해서 바다나 얼음 위에서 아주 먼 곳이 대단히 가깝게 보인다. 그러므로 가깝게 보이는 지형이나 물체에 속기 쉽다.

남극의 생존 원칙 가운데 가장 중요한 것은, '무서워하지 말고 현재 있는 자리에 그대로 있어라.' 라는 원칙이다. 그러므로 화이트아웃을 만나더라도 당황하지 말고 침착하게 그 자리에서 날씨가 좋아지기를 기다려야 한다. 그래서 남극에서는 외출할 때에 언제 만나게 될지 모르는 화이트아웃을 포함하여 생존을 위협 받는 상황에 처

운석 채집을 나선 대원들이 눈보라 속에서 텐트를 치고 있다.

하게 될 것에 대비하여 반드시 텐트와 침낭, 옷, 식량, 난로, 라이터, 연료 같은 비상 물품을 챙겨 나가는 것이 중요하다.

013

남극의 해는 서쪽에서 뜬다!?!

사람들이 쉽게 가기 힘든 곳이다 보니 남극은 신비에 싸여 잘못 알려진 사실이 의외로 많다. 그중의 하나가 해가 서쪽에서 뜬다는 것이다. 남극이라고 해가 서쪽에서 뜰 리 없다. 지구는 시계 반대 방향,

남극의 겨울 하늘에 여명이 밝아 오고 있다.

즉 서쪽에서 동쪽으로 자전하므로 해는 우리나라에서나 남극에서나 동쪽에서 떠서 서쪽으로 진다.

　물론 남극에서 해는 하지가 다가오면 남쪽으로 내려가고 동지가 다가오면서 북쪽으로 올라가는 것은 우리나라와 반대이다. 그래서 세종기지의 경우, 여름에는 해가 기지 남쪽에 있는 높은 산 뒤로 나타나서 머리 위를 지나 하루 종일 하늘 높이 떠 있다. 저녁이 되면 기지 서쪽에 있는 넬슨 섬의 빙원 쪽으로 진다. 그러므로 낮 시간이 아주 길다. 시간이 흐르면서 해는 점점 북쪽으로 올라가, 기지 동쪽에 있는 '세종봉'이라고 부르는 산 쪽으로 옮겨 간다. 동지 무렵에는 해가 기지 북쪽의 위버 반도에 있는 '서울봉'이라고 부르는 산의 오른쪽에서 떠서 우루과이 기지의 오른쪽 얼음 능선 쪽으로 지며, 낮 시간은 아주 짧다. 동지가 지나면 해는 다시 천천히 남쪽으로 내려오기 시작하고 낮 시간도 길어진다.

014

남극의 동지는 희망이다!

여러분도 잘 알다시피 남반구는 북반구와 계절이 반대이다. 북반구인 우리나라에서 무더위가 시작되는 6월 21일 무렵이 남극에서는 동지이다. 남극에서 동지는 특별한 뜻이 있다.

동지는 남반구에서 겨울이 시작되는 날이다. 겨울은 기온이 내려가 춥고 눈보라도 강해져서 생활하기 힘들어진다. 추분을 넘기면서 낮보다 길어지기 시작한 밤이 동지에 이르면 가장 길어진다. 그러나 동지가 지나면 여전히 밤이 낮보다 길기는 하지만, 조금씩 밤이 짧아지고 낮이 길어지기 시작한다. 이는 석 달만 견디면 밤과 낮의 길이가 같은 춘분이 찾아와 봄이 돌아온다는 뜻이다. 그래서 동지는 겨울이 시작되어 기온이 내려가기는 하지만, 봄이 가까워지고 있다는 희망을 뜻하기도 한다. 그런 뜻에서 남극의 동지는 겨울을 견디고 있는 사람들에게 아주 기쁜 날이다.

남극에 기지를 세워 연구 활동을 하는 나라의 대통령이나 장관들은 동지가 되면 축전을 보내 기지에서 겨울을 나는 대원들을 격려하고, 각국의 기지에서는 잔치가 벌어진다. 킹조지 섬에 있는 칠레

동지 축하 엽서 극지의 동지는 남다른 의미를 가지므로 서로 축하하며 하루를 보낸다.

기지에서는 다른 나라 기지의 사람들을 초청해 가면무도회를 연 적
도 있다. 이 무렵에는 얼음 덩어리가 많은 해안으로 올라가기가 쉽지
않아서 될 수 있으면 칠레 기지의 헬리콥터를 이용한다. 그래서 날씨
가 좋고 헬리콥터의 상태가 괜찮으면 세종기지의 월동대원들도 칠레
기지에서 여는 동지 파티에 참석하기도 한다. 하지만 날씨를 포함한
여러 가지 여건이 여의치 않으면 세종기지에서 우리 대원들끼리 맛
있는 음식을 만들어 나눠 먹으며 즐거운 시간을 보낸다.

남극에는 물이 없다?!

남극에 있는 물은 얼음이 녹아 생긴 것이다. 얼음은 잘 알다시피 섭씨 0도에서 녹아 물이 되는데, 남극에서 기온이 영상으로 올라갈 때는 여름뿐이다. 그것도 북쪽 해안 지방에서만 가능하다. 북쪽 지방 외에는 간혹 해안에서 기온이 영상으로 올라가기도 한다. 그러나 여름 한때나마 영상의 기온을 갖는 북쪽의 해안 지방과 대륙의 해안 지방은 남극 전체에서 차지하는 비율이 아주 작다. 물론 대륙 안쪽에서도 어쩌다 하루 이틀은 1~2시간씩 기온이 영상으로 올라가기도 하고, 대륙에 있는 바위가 태양빛을 흡수해 바위 옆에 있던 얼음이 그 열로 녹는 경우는 더러 있다. 그러나 기온이 오르는 기간이 너무 짧고, 녹는 얼음의 양도 적어 물이 흐를 정도는 아니다.

그런데 남극에도 꽤 많은 물이 흘러내리는 곳이 있다. 이름이 '마른 골짜기'라는 뜻의 '드라이 밸리'로, 동남극에 있는 미국의 맥머도 기지에서 동쪽으로 100여 킬로미터 떨어져 있으며 평소에도 땅이 드러나 있다. 바로 이곳에서 여름이면 몇 주씩 빙하가 녹아 강이 되어 흐른다. 아주 잠깐 흐르는 강이다. 수명이 짧은 이런 강 가운데 가장 큰 강이 바로 오닉스 강이며 길이가 48킬로미터에 이른다. 그 외에 킹조지 섬의 냇물은 곧장 바다로 흘러 들어가거나, 호수를 만나면 호수를 채우고 넘쳐서 바다로 흘러 들어간다. 오닉스 강도 그렇지만 남극에 있는 강들은 짧은 여름이 끝나면 흐름을 멈춘다.

남극이라는 특별한 지역에서 강이나 호수는 희귀한 현상으로, 남극 전체에서 큰 물줄기를 이루는 강다운 물줄기는 찾아보기 힘들다. 따라서 남극에는 물이 없다고 해도 크게 잘못된 주장은 아니다.

남극에서는 비가 오지 않는다?!

비가 온다는 것은 기온이 영상이라는 뜻이다. 남극에서 기온이 영상으로 올라가는 곳은 북쪽 지방과 해안 일부 지방뿐이며, 그것도 여름으로 한정된다. 예컨대 세종기지가 있는 킹조지 섬은 여름에 기온이 영상으로 올라가므로 비가 내리기도 한다. 대륙의 해안 지방도 비록 짧은 기간이지만 여름에는 기온이 영상으로 올라간다. 하지만 남극에서 기온이 영상으로 올라가고, 그때를 맞추어 비가 내리는 일은 그리 흔하지 않다. 따라서 비는 내리지만 지역이 아주 국한되어 있어 좁다. 양이 적고 지역이 좁다고는 해도 '남극에 비가 오지 않는다'는 명제는 엄밀히 말하면 틀린 것이다.

기온 때문에 남극의 대부분 지역에서는 비가 아니라 눈이 내린다. 눈은 해안에 많이 내리는 편으로 강수량이 연평균 500밀리미터 정도이다. 남극 대륙 안쪽의 강수량은 이보다 훨씬 적은 연 30~50밀리미터쯤이다. 한마디로 남극은 '하얀 사막'이라 할 수 있다. 그러나 남극은 아주 넓은 곳이므로 기온이나 날씨는 지역에 따라 판이하게 다를 수 있다.

미7

남극에서는 무지개가 뜨지 않는다?!

무지개는 햇빛이 공기 중에 떠 있는 작은 물방울에 꺾여 생기는 현상으로, 주로 비가 그친 후 나타난다. 공기 중에 물방울이 많이 떠 있기 때문이다.

비가 많지 않은 남극에서는 무지개를 볼 수 없다고 생각하겠지만, 남극에서도 여름에 어쩌다 한 번씩 무지개를 볼 수 있다. 여름이 시작되는 12월부터 이듬해 1월까지 기온이 영상일 때, 어쩌다 비가 내린다. 기온이 영상으로 올라가는 순간 비가 내리면 물방울이 공기 중에 떠 있을 때가 있어서 무지개가 생긴다. 그러나 남극에서 뜨는

희미하기는 하지만 남극 하늘에 걸린 무지개

무지개는 보통 우리가 알고 있는 것처럼 그 빛이 선명하지 않다. 아마도 물방울 대신 얼음 결정인 눈에 꺾여 생기는 것이기 때문이라 여겨진다. 아주 가끔 꽤 선명한 무지개가 뜨기는 하지만 자주 있는 일은 아니다.

빛의 굴절 때문에 생기는 신기루를 남극에서도 볼 수 있다고 한다. 남극의 신기루는 땅 위나 바닷가가 아니라, 주위가 온통 얼음뿐인 빙원에서 볼 수 있다. 그런 이유로 세종기지 주변에서 신기루는 본 적이 없다.

미8

태양은 남극에서 영향력을 발휘하지 못한다?!

극지는 위도가 높아서 위도가 낮은 지역에 비해 태양의 영향을 적게 받는다. 지평선에서 태양을 올려다보는 각도인 태양의 고도가 낮은 극지에서는 태양빛이 비스듬하게 넓은 면을 비춘다. 그래서 일정한 면적이 받는 태양열은 태양의 고도가 높은 지역에 비해 적다.

이런 남극에서도 하지에 태양이 가장 높아지는데, 이때 남극점에서 태양의 고도는 23.5도이다. 남극점을 벗어나 북쪽으로 갈수록 태양의 고도는 점점 높아진다. 그러나 지역의 높이가 높고 빙원이어서 태양의 고도가 높아져도 그 효과는 보잘것없다. 하지가 지나면 태양의 고도는 다시 점점 낮아진다.

남극은 대부분 눈과 얼음으로 덮여 있어서 신선한 눈이 햇빛의

60~80퍼센트를 반사한다. 태양의 고도가 낮아 적게 받는 햇빛을 그나마 반사해 버리므로 태양의 영향력은 줄어들 수밖에 없다. 반면 바다로 이루어진 북극은 여름에 얼음이 녹아 물이 되는데, 물은 빛을 많이 흡수하므로 태양의 영향을 받을 수밖에 없다. 같은 극지이기는 해도 남극과 북극이 받는 태양의 영향력이 다른 이유이다.

019

남극에서는 북쪽 비탈에 쌓인 눈이 빨리 녹는다?!

북반구에 있는 우리나라와 남반구에 있는 남극은 계절이 정반대인 것 말고도 다른 것이 많다. 남극에서는 하루 중 해가 가장 높을 때, 즉 해가 머리 위에 떠 있을 때의 방향이 정북방인 데 비해 우리나라에서는 그 방향이 정 남쪽이다. 반면 남극에서는 태양이 가장 낮아졌을 때의 방향이 정 남쪽이다.

　남극에서는 북쪽 비탈에 쌓인 눈이 먼저 녹는다. 세종기지 부근에 쌓인 눈이 녹는 것을 관찰하면 금방 알 수 있다. 북쪽 비탈에 자리잡은 기지 주변에 쌓인 눈은 이미 녹았는데 남쪽 비탈인 기지 건너편에는 눈이 남아 있는 경우가 흔히 있다. 또 세종기지 부근의 남쪽 비탈보다 북쪽 비탈에 이끼나 지의류 같은 식물들이 더 많고 잘 자라며, 워낙 작아서 눈에 잘 띄지는 않지만 북쪽 비탈의 흙속에는 벌레들이 남쪽 비탈보다 많을 것이다. 벌레들도 추운 곳보다는 따뜻한 곳을 좋아하고 따뜻한 곳에서 더 잘 살기 때문이다. 이는 북쪽 비탈을 비추는 태양 고도가 남쪽보다 더 높아서 좁은 면적에 더 많은 빛이 도달하기 때문이다.

　같은 이치로 남극에서는 남향집보다 북향집이 더 따뜻하다. 겨울에는 햇빛이 길게 들어오기 때문이다.

020

남극점은 어둡다?!

남극점에서는 9월 중순 무렵이면 해가 나타날 때까지 지평선이 여명으로 물들어 아름답다. 시간이 흐르면서 여명은 사라지고 하순쯤에는 태양이 시평선에 얼굴을 내민다. 남극점이 낮이 된 것이다. 한마디로 태양이 남극점의 지평선 위를 빙빙 도는 시기이다. 이후 태양의 고도는 하루하루 높아지면서, 여섯 달 동안 태양은 지지 않고 계속 하늘에 떠 있게 된다.

　땅에서 태양을 올려다보는 각도인 태양의 고도가 조금씩 높아져서 하지인 12월 22일이 되면 일 년 중 가장 높아 23.5도에 이른다. 그러나 이 고도는 지구의 다른 곳에 비하면 가장 낮은 고도이다. 태양이 하루 종일 떠 있어서 낮이 지속되지만, 고도가 그렇게 높지 않으므로 사람들이 기대하는 것처럼 밝지 않다. 다행이라고 해야 할까, 그림자를 만들 장애물도 없는데다가 남극점은 온통 얼음 천지라 햇빛에 얼음이 반사되어 우리가 생각하는 것만큼 어둡지도 않다. 우리로 치면 해질녘 같은 밝기의 낮이 여름 내내 이어지는 셈이다.

남극점 2007년 12월 남극점의 모습으로 낮이지만 생각만큼 밝지 않다.

태양의 고도는 하지 다음 날부터 다시 조금씩 낮아져 3월 하순쯤에는 지평선 아래로 사라진다. 이때 지평선은 황혼으로 아름답게 물든다. 시간이 지나면 황혼이 사라지고 점점 어두워져 마침내 남극점에는 길고 긴 밤이 시작된다.

재미있는 사실은 남극점에서 한 발을 뗀 다음 남극점을 중심으로 한 바퀴 돌면 지구를 한 바퀴 도는 것과 같다.

머리

오로라는 남극 어디에서나 볼 수 있다?!

오로라는 태양에서 날려 온 전기를 띤 입자가 지구의 자기에 이끌려 남북극으로 빨려 들면서 극지 상공의 공기 분자와 부딪쳐 빛을 내는 현상이다. 공기 중의 질소와 부딪치면 보라색을, 산소와 부딪치면 붉은색과 녹색을 띤다. 오로라는 황혼처럼 보일 때도 있으나, 때로는 바람에 세차게 흔들리는 커튼이나 불꽃처럼 보이기도 한다. 잠시도 같지 않고 계속해서 변하는 것은 전기를 띤 입자와 공기가 끊임없이 움직이고 변하기 때문이다.

남극이라고 해서 아무 데서나 볼 수 있는 것은 아니고, 대략 남위 64도, 동경 138도를 중심으로 반지름 2500~3000킬로미터 이내의 지역에서 볼 수 있다. 이곳을 오로라가 잘 보이는 지역이라 해서 오로라 지대라고 한다. 남극에서는 동남극이 해당되는데, 좀 떨어진 뉴질랜드에서도 잘 보인다.

반면 남자극점에서 아주 멀리 떨어진 남극반도에서는 오로라를 좀처럼 보기 힘들다. 실제로 세종기지는 남극반도 북쪽에 있는 킹조지 섬에 자리 잡고 있어서 바닷가에서도 오로라를 보기 힘들다. 저자인 나는 세종기지에서 4번의 겨울을 보냈음에도 오로라를 본 적이 한 번도 없다. 하늘이 거의 언제나 흐려 있기 때문에 오로라를 볼 수도 없었을뿐더러 보려고도 하지 않았다.

그러나 태양의 활동이 활발해져 흑점이 많이 생기고 X-선이나 양성자처럼 강한 전기를 띤 입자들이 갑자기 많이 뿜어져 나오면 오로라를 잘 볼 수 있다고 한다. 어쩌면 태양의 활동이 아주 왕성해 흑점이 대단히 많을 때에는 관심을 갖고 살펴보면 세종기지 근처에서도 오로라를 볼 수 있을지도 모른다.

반면 북자극점에서 가까운 북극의 다산기지에서는 오로라를 자주 볼 수 있다.

3 남극의 얼음은

ㅁㄹㄹ

남극의 얼음이 다 녹으면 어떻게 될까?

거대한 남극 대륙은 단순한 땅이 아니라 평균 두께가 2160미터인 얼음으로 거의 전체가 덮여 있다. 가장 두꺼운 얼음의 두께는 4800미터나 된다. 이렇게 남극 대륙을 덮고 있는 얼음이 다 녹는다면 전 세계 바다의 수위는 60미터쯤 높아진다고 한다.

설마 남극 대륙이 아무리 넓다고 해도 지구 표면의 70.8퍼센트를 차지하고 있는 전 세계 바다의 수위를 60미터나 높이겠는가 하는 의문이 들기는 한다. 그래도 남극 대륙의 99.7퍼센트가 얼음으로 덮

온통 눈과 얼음으로 덮인 남극 대륙 간간이 돌과 자갈이 보이기는 하지만 완전히 눈과 얼음으로 덮여 있다. 이곳은 테라노바 베이로 멀리 멜버른 산이 보인다.

여 있다고 하니, 정확한 것인지 확인을 위해 계산해 보자.

●높아지는 바닷물의 수위

=(남극 대륙의 얼음 평균 두께×남극 대륙의 전체 면적×남극 대륙을 덮은

얼음의 면적 비율×남극 대륙을 덮은 얼음의 비중)/전 세계 바다 면적

=2160(미터)×1362만(제곱킬로미터)×0.997×0.8/3억 6200만(제곱킬로

미터) ≒ 64.8미터

남극의 얼음이 다 녹으면 정말 60미터 이상 바닷물의 수위가 높
아진다.

전 세계 얼음의 90퍼센트가 남극에 있는데 그중에서도 큰 남극
에 86.5퍼센트가 있어 가장 많고, 작은 남극에 10.8퍼센트, 빙붕과
남극반도에는 2.7퍼센트가 있다. 아마도 남극 대륙을 덮고 있는 얼
음이 한꺼번에 다 녹을 일은 없을 것이다. 그러나 얼음이 조금 녹아
서 전 세계 바다의 수위가 1미터만 올라가는 일이 벌어져도 미국의
플로리다 반도와 미시시피 강, 중국의 양쯔 강 하구, 우리나라 남해
안과 서해안의 지대가 낮은 곳 들이 물에 잠겨 1∼2억 명에 이르는
사람들이 지대가 높은 곳으로 피해야 한다.

현재도 전 세계 바다의 수위는 1년에 2.7∼3밀리미터씩 높아지
고 있다고 한다. 바다 수위는 높아지는 속도가 워낙 느려서 사람들
이 맨눈으로 확인할 수는 없으나 저속도 카메라로는 찍을 수 있는
정도이다. 바다가 천천히 높아져서 사람들이 크게 생각하지 않아서

그렇지 이는 한 번 휩쓸고 지나가는 쓰나미보다 훨씬 큰 재앙이다.

023

얼음 때문에 건물이 움직인다?!

남극 대륙의 얼음은 고체이지만 중력 때문에 천천히 움직인다. 남극 대륙의 내부에서는 1년에 몇 미터쯤 움직이는 데 비해, 해안 쪽으로 가면서 그 속도가 빨라져 1년 동안 움직이는 거리가 1.5~2킬로미터 나 된다.

얼음이 움직이면 얼음 위에 지은 건물도 함께 움직인다. 얼음은 일정하게 움직이는 것이 아니라, 얼음 아래의 지형이나 얼음 두께, 얼음의 속도나 물성에 따라 갈라지고 솟아오르거나 가라앉기도 한다. 그래서 그 위에 앉은 건물은 비틀리고 찌그러지며, 문이 뒤틀리고 벽이 벌어지거나 기둥이 기울어지기도 한다.

남극점에 있는 아문센-스콧 기지를 포함하여 남극 대륙에 있는 기지들 가운데 몇 개는 얼음 위에 지었다. 그래서 이들 기지는 얼음의 움직임 때문에 몇 년에 한 번씩 보수를 해야만 한다. 아문센-스콧 기지는 한때 수박을 잘라서 엎어 놓은 것처럼 큰 반구형 건물이었으나, 몇 년에 걸쳐 크게 고치면서 지금은 얼음 위에 2층 건물들이 흩어져 떠 있는 모습이다. 큰 원통을 뉘어 놓은 뒤에 그 안을 방과 사무실로 채운 기지도 있다. 기둥이 얼음 속으로 가라앉으면 적당한 때에 들어 올릴 수 있도록 지은 건물도 있다. 이렇게 얼음 위에 건물을

세종기지 부근의 바다로 흘러내리는 얼음 얼음 위로 보이는 무수한 크레바스(위)와 같은 곳이 황혼으로 붉게 물든 풍경아래)

짓는 데에는 대단한 기술이 필요하다.

다행히 세종기지는 얼음 위가 아닌 자갈밭 위에 지었으며, 장보고기지도 자갈밭 위에 지을 예정이다.

024
크레바스를 피해 갈 수는 없을까?

얼음이 움직이면서 갈라져 생긴 틈을 크레바스라고 한다. 틈의 깊이가 얕은 것은 수 미터 정도이나 깊은 것은 100미터가 넘는 것도 있으며, 그 폭도 1미터가 안 되는 좁은 것이 있는가 하면 수 미터를 넘는 넓은 것도 있다. 흔히 '악마의 이빨'이라고 부르는 크레바스를 들여다보면, 뾰족하게 갈라진 얼음 기둥 틈으로 얼음이 빛을 반사해 시퍼렇게 보이는 구멍이 끝을 알 수 없을 정도로 깊다.

남극에서 크레바스에 빠져 생명을 잃는 일은 흔하다. 2005년 9월에도 세종기지 건너편에 있는 크레바스에 아르헨티나 월동대원 2명이 빠져 목숨을 잃었다. 그들은 '스키두'라는, 눈 위를 달리는 오토바이를 타고 가다 안개 속에서 길을 잃어 크레바스가 많은 곳으로 들어가게 되었다. 그들이 크레바스에 빠졌다는 소식이 전해지자 킹조지 섬에 있는 모든 기

세종기지 부근의 빙벽 가까이에 있는 크레바스

스키두를 타고 얼음 덮인 남극 대륙을 달리는 제2차 대한민국 남극운석탐사대

지에 비상이 걸렸다. 세종기지에서도 설상차가 출동했으나, 안개 때문에 도저히 가까이 갈 수 없었다. 다음 날 등반 전문가들이 이들을 찾아 나섰으나 끝내 찾지 못하였다. 그들은 한 달이 지나서 죽은 채로 발견되었다. 비슷한 시기에 남극반도에 있는 칠레의 육군 기지에서도 설상차가 크레바스에 빠져 여러 사람이 죽었다.

크레바스를 만나면 피하거나 돌아갈 수 있다. 그러나 눈에 살짝 덮여 있는 크레바스는 무서운 함정일 뿐이다.

025

빙상, 빙모, 빙원이란?

빙상과 빙모는 극지를 덮은 넓은 얼음이다. 빙상은 말 그대로 대륙을 덮은 넓은 얼음으로, 그 넓이가 적어도 5만 제곱킬로미터는 되어야 한다. 남극 대륙과 그린란드를 덮고 있는 얼음이 바로 빙상이다.

넓이는 빙상보다 조금 좁고 '얼음 모자'라는 뜻의 이름이 붙은 빙모는 산맥과 같은 높은 지대에서 볼 수 있다. 남극반도 부근의 섬이나 알라스카, 히말라야, 안데스 산맥에 있다.

빙원은 넓이와는 상관없이 얼음이 넓은 지역을 덮어 마치 그 모양이 들판처럼 보이는 얼음 평원을 말한다. 얼음으로 덮인 평지는 모두 빙원이다.

남극을 덮은 빙원은 지형에 따라 그 모양이 여러 가지이다. 높은 산 사이를 채운 빙원도 있고, 낮은 섬 전체를 대야처럼 둥그스름하게 덮은 빙원도 있다. 또 높은 산의 기슭은 얼음에 덮여도 꼭대기는 검은 바위를 그대로 드러내기도 한다. 반면 대륙의 낮은 해안을 덮은 빙원은 평평하고 미끈해서 얼음이 땅을 전부 덮었다는 것을 알 수 있다.

세송기지 북동쪽에 있는 빙벽으로 더워지면서 뒤로 물러나고 있다.

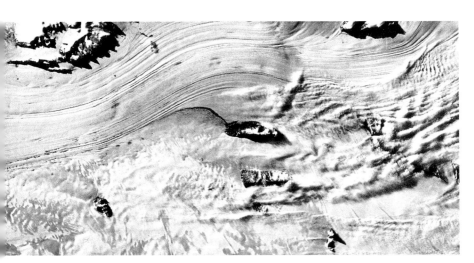

남극에서 가장 큰 램버트 빙하 넓은 지역을 두껍게 덮고 있는 얼음이 빙하가 되어 흘러내린다.

026

빙하, 빙폭, 빙벽이란?

빙하는 대륙 위에 두껍게 얼어붙은 얼음이 강물처럼 골짜기를 따라 흘러내리는 '얼음 강'이다. 빙하의 길이는 각각 차이는 있지만 꽤 긴 편이다.

남극 대륙의 해안에는 대륙 안쪽에서 흘러내리는 빙하가 수백 개나 있다. 그중 가장 큰 램버트 빙하는 동남극 프린스찰스 산맥 사이로 흘러내려 에머리 빙붕으로 흘러든다. 길이는 400킬로미터가 넘으며, 에머리 빙붕에서는 그 폭이 120킬로미터나 된다. 램버트 빙하는 매년 350세제곱킬로미터의 얼음을 흘려보내는데, 이 양은 남극 대륙에서 흘러내리는 얼음의 4분의 1 정도이다. 남극 대륙에서 1년에 흘러내리는 얼음의 양은 대략 1450세제곱킬로미터라고 한다.

얼음이 폭포처럼 수직으로 흘러내리는 것을 '얼음 폭포'라는 뜻의 빙폭이라고 한다. 빙폭의 높이는 지형에 따라 다른데, 낮은 것은 수 미터인 것도 있고 수십 미터에 이르는 것도 있다.

빙벽은 말 그대로 '얼음 절벽'이다. 예컨대 빙붕이나 책상처럼 빙산의 위가 평탄한 탁상형 빙산의 변두리와 빙폭은 다 얼음으로 된 절벽이므로 빙벽이라 부를 만하다. 넓게는 크거나 높은 얼음 덩어리로 된 절벽도 빙벽이다.

머그

남극의 얼음은 역사다?!

지금 남극에서는 80만 년 전이나 42만
년 전 얼음을 파내 얼음 속의 공기를 연
구해서 눈이 쌓일 당시의 기온을 알아
내는 연구를 진행하고 있다.

그렇게 연구한 결과, 1만 8000년 전
인 마지막 최대 빙하기Last Glacial Maximum
에는 기온이 지금보다 섭씨 8도 정도 낮
았고, 바다의 수위는 130미터 정도 낮았
다는 사실을 확인하였다. 그 후 기온이
따뜻해지기 시작해 얼음이 녹으면서 바
다의 수위가 높아져 약 1만 1700년 전
쯤 지금처럼 되었다.

또 남극의 얼음 속에 있는 꽃가루를
분석해서, 그 꽃가루가 빙하시대에는
땅이었던 지금의 남아메리카 남쪽 파타
고니아 앞바다에서 날려 왔다는 것을
알아냈다. 당시 먼지로 덮였던 그곳의
땅에서 피었던 꽃의 꽃가루가 바람을
타고 하늘 높이 올라갔다가 남극 대륙

얼음은 세월을 고스란히 간직하고 있어 남극의 역사를 연구하는 데 도움이 된다.

한가운데까지 날아온 것이다. 꽃가루는 작고 가벼울 뿐만 아니라 여간해서는 썩거나 죽지도 않기 때문에 이를 연구하면 꽃가루가 생겨난 곳의 환경은 물론 바람의 경로까지도 유추해 낼 수 있다.

남극의 얼음을 연구하면 오랫동안 변화해 온 남극의 기후 변화를 알 수 있으므로 이는 살아 있는 역사책이라 할 수 있다. 남극과 지구의 역사를 알 수 있는 그 역사책을 우리는 읽어야 한다.

028

수십만 년 된 얼음도 있다?!

남극의 얼음은 눈이 다져져서 만들어졌으므로 아래쪽에 있을수록, 또 오래된 것일수록 얇아도 오랫동안 쌓여 있던 눈이다. 그러나 위도나 높이, 곧 고도에 따라 기온이 다르고 눈이 오는 정도가 다를 뿐아니라 얼음이 빙하로 흘러내리는 정도도 다르다. 따라서 얼음의 나이는 추정하기가 쉽지 않다.

남극 얼음의 나이를 추정하는 데에는 몇 가지 방법이 있다. 먼저 얼음의 흐름 모델을 적용해서 나이를 추정한다. 얼음의 흐름 모델이란 눈이 다져져서 생긴 얼음이 흘러내리면서 높이, 기온, 얼음의 압력이 변하는 것을 고려해 가장 적절한 나이를 유추하는 방법이다.

얼음이 오래되면 단단하게 다져지므로 얼음이 묻혀 있는 깊이, 빙하기와 간빙기의 강설량 같은 것을 따져서 나이를 추정하기도 한다. 또 이미 정확한 나이가 밝혀진 남극의 퇴적물과 비교해 얼음의 나이를 추정하는 방법도 있다. 이렇게 여러 가지 방법을 종합하여 오차의 범위를 줄인다.

현재까지 남극에서 파낸 얼음 가운데 가장 오래된 것은 프랑스와 이탈리아의 합동 기지인 콩코르디아 기지에서 파낸 얼음이다. 이 얼음의 나이는 약 80만 년 되었는데, 파낸 깊이가 3270미터나 되었다. 남극에서 가장 낮은 기온이 측정된 기록을 갖고 있는 러시아의 보스토크 기지에서는 42만 년 전의 얼음을 파냈는데, 얼음을 꺼낸 깊이가 3623미터에 달했다. 콩코르디아 기지의 얼음은 보스토크 기지의 얼음에 비해 나이는 2배이지만 파낸 얼음의 깊이는 얕다. 콩코르디아 기지 부근에는 눈이 적게 오기 때문이다.

029

얼음 밑에 호수가 있다?!

평균 두께가 2160미터인 남극 대륙의 두꺼운 얼음 밑에 놀랍게도 호수가 있다. 빙원하호수라고 하는 이런 호수는 지금까지 남극점 아래에 있는 호수를 포함해 140개 정도가 발견되었다. 그 가운데 가장 큰 것은 보스토크 호수이다.

사람들은 얼음 아래에 있는 호수를 어떻게 찾아낼까? 비행기에서 전파를 보내거나 빙원에서 화약을 폭발시켜 그 파동이 얼음 아래에서 반사되는 모양을 보고 얼음층과 물로 된 호수를 구별한다. 처음에는 파동을 보면서도 호수인 줄 몰랐다. 그냥 덜 굳은 푸석푸석

한 얼음일 것이라고 생각하였다. 시간이 지나 파동을 해석하는 실력이 늘어나면서 얼음층 아래에 물이 있는 것을 알아냈다. 이제는 어렵지 않게 빙원하호수를 찾아낸다.

지열을 비롯한 여러 가지 원인으로 빙원하호수가 생기는데, 워낙 원인이 다양해서 아직 그 생성 원인을 모르는 호수도 많다. 호수를 채운 물도 수만 년쯤 지나면 바뀌므로 생물도 있거나 있었을 것으로 생각되지만, 아직 호수면이나 호수 바닥까지 내려가 보지 못해서 자세한 내용은 모른다. 만약 화석이 있다면 과거의 생물과 생태계를 확인할 수 있는 좋은 자료가 될 것이다.

030

보스토크 호수에서는 무엇이 살고 있을까?

가장 큰 빙원하호수인 보스토크 호수가 워낙 넓어서 보스토크 기지 주변은 거의 평탄한 평지를 이룬다. 주변의 지형이 일정하게 높아지는 것과는 상당히 다르다. 처음에는 그러한 사실에 주의를 기울이지 않아 잘 알지 못했으므로, 그 이유 역시 생각할 수도 생각하려고도 하지 않았다. 그러나 이제 그 이유를 안다. 보스토크 호수 위의 얼음은 1년에 1~3미터쯤 흘러가기 때문이다.

보스토크 호수는 러시아의 보스토크 기지가 있는 얼음 표면으로부터 3700미터 아래 지점에 있는 호수인데, 처음에는 호수인지 몰랐다. 1977년에 실시한 조사에서 물로 된 호수라는 사실을 확인하였고, 그 후 기술이 발달하면서 1990년대에는 좀 더 자세한 내용들이 밝혀졌다. 길이와 폭은 각각 250킬로미터와 50킬로미터이고 넓이는 경기도보다 약간 작은 1만 6000제곱킬로미터에 이르며, 수심이 가장 깊은 곳은 800미터에 이른다는 것도 이때 알았다.

러시아와 프랑스 사람들은 이 호수에서 수심이 가장 깊은 곳의 얼음을 파 내려가기 시작해서 1998년 1월에는 호수의 수면 위 120미터 정도 지점인 3623미터 깊이까지 파 내려갔다. 그러나 호수를 오염시킬 수도 있다고 염려하여 마지막 120미터는 파지 못하였다. 호숫물을 더럽히지 않고 물을 뜨는 아이디어가 나왔지만 적용하지는 못하였다.

늦어도 2014년까지는 어떠한 방법으로든 호수에 닿을 계획이라고 하므로 성공하면 흥미로운 사실을 많이 알게 될 것이다. 지금까지 얼음을 뚫는 동안에도 얼음에서 꽃가루, 박테리아와 같은 생물의 화석이 나왔다. 보스토크 호수가 생긴 원인은 지층이 밀려갔다가 원래의 상태로 되돌아오면서 그 자리에 호수가 생긴 것으로 알려져 있다. 혹시 호수 바닥에 있는 퇴적물이나 화석이 그런 사실을 증명해 줄지 기대가 된다.

4 남극의 땅과 바다와 운석은

ロヨコ

남극에는 땅이 없다?!

남극 대륙의 거의 전부가 얼음으로 덮여 있으니까 땅이 없다고 생각하는 것도 무리는 아니지만, 얼음이 아무리 많고 두꺼우며 넓게 깔려 있다고 해도 그 아래에는 분명히 땅이 있다. 남극은 두꺼운 얼음에 덮인 넓은 땅, 곧 얼음으로 덮인 대륙이므로 땅이 없다고 생각하는 것은 틀렸다. 더구나 남극의 북쪽에 있는 섬들과 대륙의 해안에는 얼음에 덮이지 않은 넓고 좁은 땅들도 보인다. 높은 산의 능선과 봉우리 중에도 얼음에 덮여 있지 않은 곳이 있다. 얼음에 덮이지 않

남극 대륙 안쪽 고원 지대에 솟아오른 험
한 지형(위)과 빙원 가운데에 솟아난 누나
탁(아래)

을 정도로 높아서 마치 얼음 사이를 뚫고 솟아난 것처럼 보이는 바위 봉우리를 누나탁nunatak이라고 한다.

　　남극 대륙을 덮고 있는 모난 자갈들은 큰 바위의 틈으로 들어간 물이 얼어 부피가 늘어나면서 바위가 깨져 생긴 것이다. 지면의 변화를 연구하는 사람들은 이러한 현상을 '기계 풍화'라고 한다. 기계 풍화는 단순히 크기를 작게 만드는 풍화이고, 화학 풍화는 물질의 성분을 바꾸는 풍화를 말한다. 기온이 워낙 낮은 남극에서는 화학 풍화는 거의 일어나지 않고, 바위와 돌이 풍화되어 작아지고 부스러지거나 완전히 분해된다. 또 둥근 자갈 가운데 높은 곳에 있는 것은 그곳이 예전 한때는 해안이었다는 증거가 된다. 지질학에서는 그런 해안을 '옛날 해안'이라는 뜻으로 고해안이라고 한다. 바닷가의 자갈이 둥근 것은 파도에 깎인 탓이다.

032

남극에도 온천이 있다?!

남극에는 지하자원도 있고 화석도 있으며, 온천과 활화산도 있다. 남극에 온천이 있다니 놀라운 일이지만 분명히 디셉션 섬에 온천이 있다. 과거에 몇 차례 화산이 분출하였던 이 섬의 좁은 입구를 지나 안쪽으로 들어가면 지름이 6킬로미터 정도 되는 둥그스름한 칼데라 바다가 있다. 칼데라는 백두산 천지처럼 화산이 터진 분화구가 무너져 내려 움푹하게 파인 지형을 말한다. 한때 이곳의 바닷물은 매우

활화산인 디셉션 섬은 남극에 있는 섬이지만 거의 눈에 덮여 있지 않으며(위), 섬 안에는 무너진 건물과
모래에 묻힌 나무 보트만이 한때 번성했던 고래잡이의 흔적으로 남아 있다(아래).

화산 연기를 뿜고 있는 동남극 로스 섬에 있는 에러버스 산

뜨거워 고래를 잡으러 들어온 배의 페인트가 벗겨진 일이 있었을 정도이다. 섬에는 지열이 유난히 높은 지역이 해안을 따라 네 군데나 있다. 섬의 북동쪽에 있는 펜듈럼 소만은 물이 따뜻해 관광객들이 수영복만 입고 들어가기도 한다.

이 섬의 바위는 시커먼 용암이며 암벽에는 용암이 흐른 자국이 아직도 남아 있다. 해안은 화산 모래로 되어 있다. 남극의 섬답지 않은 사연환경이 신기할 뿐이다.

현재 디셉션 섬은 뜨거운 열기만 내뿜을 뿐, 검은 연기는 뿜지 않는다. 쉬고 있는 것이다. 그런데 남극에서 가장 큰 기지인 미국의 맥머도 기지가 있는 로스 섬의 에러버스 산높이 3795미터은 지금도 검은 연기를 하늘 높이 내뿜고 있다.

033

남극에서 가장 높은 곳은 어디일까?

빈슨 산괴는 높이 4897미터로 남극에서 가장 높은 봉우리이다. 서남극 엘스워스 산맥의 센티널 능선에 있으며, 정확한 위치는 남위 78도 35분, 서경 85도 25분이다. 1958년 1월에 버드 기지를 떠난 미국

해군 비행기가 발견하였다. 높이가 비슷비슷한 산들이 이어지는 산맥에서 가장 높은 봉우리가 아니라, 뾰족한 봉우리들이 모여 길이 21킬로미터, 폭 13킬로미터의 산체를 이룬다.

남극 대륙의 최고봉답게 매년 여름이면 많은 등반가들이 몰려온다. 부근의 빙원인 패트리어트힐에는 간이 비행장이 있으며, 텐트가 수십 채씩 들어서기도 한다. 등반이나 관광을 돕는 안내인도 있는데, 그들 가운데에는 경험이 풍부한 사람도 있다. 2001년 말 세종기지를 방문한 칠레 국적의 안내인은 빈슨 산괴를 무려 20회가량 올랐다고 한다. 이곳을 찾는 등반가, 안내인, 비행사, 관광객 들은 남극을 좋아하기도 하지만, 두려움을 몰라 모험을 재미로 즐기는 사람들이다.

빈슨 산괴로 가는 비행기는 칠레 푼타아레나스나 아르헨티나 우슈아이아에서 출발한다. 작은 비행기는 킹조지 섬의 칠레 프레이 기지에 기착하였다가 가지만, 큰 비행기는 패트리어트힐까지 곧장 가기도 한다. 남극점으로 가는 거의 모든 비행기는 패트리어트힐이 기착지이다. 길이 8킬로미터 정도에 평탄한 패트리어트힐은 2500미터 높이에 있다.

헤리티지 산맥에 있는 패트리어트힐은 근처에 남극에서 가장 높은 빈슨 산괴가 있고, 칠레 푼타아레나스 기지에서 남극점으로 가는 길목이므로 사람들이 많이 찾아와 남극 대륙에서 교통이 가장 번잡한 곳 중의 하나이다. 그래서 칠레 공군과 남극 연구소의 여름 기지가 들어와 있다. 사람들이 모여들지만 문명 세계에서 아주 멀리 떨어져 있어서 물가는 대단히 비싼 편이다. 한 끼 식사비가 400달러나 하는데, 우리 돈으로 환산하면 약 45만 원이다. 물품 운반비가 비싸서 어쩔 수 없다고 한다. 그나마 예약을 하지 않으면 먹기 힘들다.

034

남극은 겨울이 더 아름답다?!

인간의 손길이 덜 미쳐 야생 그대로 보존되어 있어서 남극은 정말 아름답다. 하늘도, 빙하도, 자갈도, 바위도, 산도, 언덕도, 들도, 바다도 싱그러우며, 공기도 차고 상쾌하다. 샛노란 지의류도, 연갈색 지의류도 아름답고, 펭귄들이 무리 지어 사는 곳 부근의 초록색 이끼도 아름답다. 먼 바다에 떠 있는 탁상 모양의 빙산과 바닷가에 밀려온 하얀 유빙 조각도 아름답다. 옥색 빙벽이나 하얀 빙벽도 그 자체로 아름답다. 얼음 능선 위로 지는 붉은 태양은 이루 말할 수 없이 아름답다. 남극의 여름 풍경은 그야말로 한 폭의 그림 같다.

그러나 남극에서 가장 아름다운 풍경을 감상할 수 있는 계절은 겨울이다. 한겨울 하얗게 눈으로 덮인 언덕과 산, 들판은 절경이란 말이 절로 떠오를 정도로 황홀한 모습이다. 바위 절벽이 눈으로만 덮이지 않고 투명한 얼음으로 덮여 거뭇거뭇하게 드러난 모습도 아름답다. 바다가 얼면 언 대로, 얼지 않으면 얼지 않은 대로 남극 주변의 풍광은 아름답기 그지없다. 바다가 얼면 하얀 빙판이 생기고 얼지 않으면 물이 출렁거린다. 빙벽 위쪽의 하늘이 여명으로 벌겋게 불타기라도 하면 바라보는 것만으로도 가슴이 설렐 정도이다.

남극의 여름 2009년 12월 세종기지에서 바라본 황혼(위)과 빙산(가운데), 그리고 물결 찰랑이는 만(아래)

겨울로 접어들면서
세종기지의 서쪽 해안이
눈에 덮여 있다(1991년).

세종기지 남쪽으로 펭귄이 무리 지어
사는 앞바다가 하얗게 얼었다(1988년).

맥스웰 만을 하얗게 덮은 유빙들(1991년 5월)

눈보라가 한바탕 휩쓸고 지나간 뒤의 풍경도 말로 표현하기 힘들 정도로 아름답다. 찬란한 태양이 새파란 하늘에 떠 있고 뭉게구름은 있으면 있는 대로, 없으면 없는 대로 아름답다. 얼음에 덮인 미끈한 능선과 그 얼음 능선 위로 지는 남극의 겨울 태양 그리고 황혼은 너무나 조화로운 풍경을 연출한다.

035

남극의 새로운 땅, 빙붕?!

남극 대륙을 덮은 빙하가 바다로 흘러내려 대륙과 바다에 걸쳐 있는 두꺼운 얼음판을 빙붕이라 한다. 두께는 바다 쪽이 약 200미터이고, 육지 쪽으로 들어갈수록 두꺼워져 900미터 정도 된다. 일 년 내내 얼어 있으므로 땅이나 마찬가지이며, 남극 대륙 해안의 상당한 부분은 빙붕으로 이루어져 있다.

빙붕 가운데 가장 규모가 큰 것은 동남극과 서남극에 걸쳐 있는 로스 빙붕인데, 넓이가 자그마치 한반도의 2배가 넘는 50만 제곱킬로미터이다. 물 위에 떠 있는 빙벽의 높이가 15~50미터, 길이는 640킬로미터 정도이다. 끝없는 얼음 들판인 로스 빙붕 위를 달려 아문센과 스콧은 남극점으로 향했을 것이다. 서남극의 필히너 빙붕과 로네 빙붕도 크기가 크다.

남극 대륙에 연결되어 있고 두께가 수백 미터에 이르는 거대한 빙붕이라고 해도, 가장자리는 밀물과 썰물에 오르내리고 바람이 세

거대한 제방처럼 펼쳐진 빙붕과 빙벽

게 불면 아래위로 흔들리기 마련이다. 그러다가 한계를 넘어서면 가장자리는 물론이고 안쪽도 깨지게 된다. 기온이나 바닷물의 온도가 올라가도 얼음의 굳기와 세기는 약해져 깨질 수 있다. 빙붕이 깨져 떨어져 나가면 바다 수면에는 평행한 직육면체 모양의 빙산이 북쪽으로 떠간다. 한편 지구온난현상으로 지구가 더워지면 남극의 빙붕도 무너져 내리게 될 것이라는 예견은 이미 1970년대에 나왔다.

036
남극 바다를 떠다니는 책상이 있다?!

남극 대륙의 해안에 있는 빙붕은 서서히 북쪽으로 밀려 나가면서 가장자리부터 깨진다. 빙붕에서 막 떨어져 나간 빙산의 모양은 위가 평탄해 마치 탁자나 책상처럼 보인다. 빙붕에서 떨어져 나간 것이라 그 높이는 빙붕의 두께와 같은데 물 위로 드러나는 높이만 수십 미터에 이르는 것도 있으며, 크기도 천차만별이라 한 변이 수 킬로미터인 것에서 100킬로미터가 넘는 것도 있다. 그런 빙산을 탁상형 빙산이라고 한다.

이따금 세종기지 부근의 바다로 한 변의 길이가 1킬로미터가 넘는 탁상형 빙산이 밀려오기도 한다. 대륙 남쪽에서 만들어져 브랜스필드 해협을 떠돌다가 남동풍을 만나 맥스웰 만으로 들어온 것이다. 브랜스필드 해협은 남극반도와 남셰틀랜드 제도 사이에 있으며, 맥스웰 만은 킹조지 섬과 그 남서쪽 넬슨 섬 사이에 있다165쪽 지도 참조.

남빙양에 떠 있는 탁상형 빙산(위)과 시간이 지나면서 파도에 깍이고 파여 탁상형 빙산에도 동굴이 생기거나 갈라진다(아래).

탁상형 빙산에서 물 위로 드러나는 부분은 책상처럼 평탄하지만, 바다에 잠긴 아랫부분에는 빙산이 파도에 깎여 커다란 동굴이 생기기도 한다. 또 처음에는 반듯한 탁상 모양이지만 시간이 흐르면서 가운데가 갈라지거나 균형을 잃고 기울어지기도 하고 심하면 뒤집어지기도 한다. 탁상형 빙산의 벽에는 눈이 쌓인 시점이 달라 생긴 평행한 층이나 화산재가 쌓인 검은 띠가 보인다.

037

빙산과 유빙은 다를까?

추운 지역의 바다 위를 떠다니는 얼음 덩어리 가운데 물 위로 드러나는 높이가 5미터 이상 되는 것을 빙산이라 한다. 빙산의 모양은 빙산이 되기 전에 붙어 있던 곳의 모양이나 갈라져 나온 지 얼마나 됐는가에 따라 달라진다. 예를 들어 빙붕에서 떨어져 나온 빙산은 처음에는 위쪽이 평탄한 탁상 모양이지만, 시간이 흐르면서 녹고 갈라지고 깨지고 기울어지고 쓰러지고 뒤집어지면서 원래 모습을 찾을 수 없다. 그래도 눈이 쌓인 층이 보여 원래 모습에서 얼마나 기울어졌는지 추측할 수 있는 빙산도 있다. 흔히 빙산은 제 크기의 5분의 1은 물 위로 드러나고 5분의 4는 물속에 잠겨 있는데, 여기에서 '빙산의 일각'이라는 말이 나왔다.

바다에 떠 있는 얼음 덩어리 가운데 물 위로 솟은 높이가 채 5미터가 되지 않는 작은 얼음 덩어리를 유빙이라 하여 빙산과 구분한

세종기지 부근으로 밀려온 빙산(위)과 남빙양을 뒤덮고 있는 해빙(가운데)이 시간이 흐르면서 녹고 깨져 바다 위를 떠다니는 유빙이 된다(아래).

다. 유빙은 빙산이 녹거나 깨져서 생기기도 하고, 빙벽이나 해빙이 무너지거나 부서져서 생기기도 한다. 유빙을 포함한 모든 얼음은 바람과 해류를 따라 움직인다.

038
해빙은 강철 배도 좋잇장처럼 꾸긴다?!

남극 대륙을 둘러싼 남빙양은 9~10월이면 해빙이 덮는 면적이 2000만 제곱킬로미터나 되는데, 그 면적은 남극 대륙의 1.5배에 이른다. 이때는 들쭉날쭉한 남극 대륙의 윤곽은 사라지고 둥그스름하게 변한다. 반면 여름철인 2월에는 해빙의 면적이 350만 제곱킬로미터로 줄어들어 남극 대륙의 윤곽이 드러나 보이며, 남극반도 북쪽 일대에는 해빙이 거의 없다.

바닷물이 언 얼음인 해빙의 두께는 매우 다양해서 70센티미터 정도인 것이 있는가 하면 2미터에 가까운 것도 있다. 바닷물이 얼어서 이 정도 크기로 커지는 것이 아니라 바닷물이 언 얼음에 눈이 내려 덮이면서 두꺼워진다. 해빙에는 얼음에서만 자라는 작은 식물인 얼음조류가 사는데, 이 조류는 크릴의 좋은 먹잇감이라서 해빙이 많이 얼면 그해에는 크릴의 수도 늘어난다.

그러나 탐험선이 해빙에 끼여 얼음과 함께 바다 위를 떠돌다 침몰한 예가 남극 탐험 역사에 여러 번 있었다. 남극 탐험사에 오랫동안 그 이름이 오르내릴 섀클턴 경의 인듀어런스호도 얼음 사이에 끼여 1915년 11월 가라앉았다. 인듀어런스호는 나무로 만든 배라 그렇다고 해도 강철로 만든 배 역시 해빙의 위협을 피하지 못했다. 1985~1986년 스콧의 발자취를 따라 남극점까지 걸어서 탐험한 세 사람인 러저 미어, 로버트 스완, 가레트 우드를 돕던 서던 퀘스트호가 얼음에 끼었다가 1986년 1월 12일 침몰하였다. 강철로 만든 배도 커다란 얼음 덩어리들 사이에서는 휴지처럼 구겨지고 힘없이 부서진다.

남극 세종기지의 앞바다는 60센티미터 두께로 가끔 언다.

039

남극에는 운석이 많다?!

운석은 잘 알다시피 지구가 아닌 달이나 화성, 소행성에서 온 물체이다. 운석은 태양계의 비밀을 푸는 단서가 되어 준다. 지구의 최초 생명체가 운석을 타고 왔다고 주장하는 학자들도 있다.

우주에서 온 운석이 특별히 남극에 많은 것은 아니다. 단지 남극에서는 운석을 찾기가 쉽다. 운석은 대개 검은색이므로 하얀 빙원인 남극에서는 금방 눈에 띈다. 남극에 있는 검은색 물체가 모두 운석은 아니지만, 빙원에 있는 검은색 덩어리는 운석일 가능성이 높다. 또 빙원에 떨어진 운석은 얼음과 함께 움직이다가 일정한 지역에 모여 있는 경우가 많다. 얼음에 섞여 옮겨 가던 운석이 바람에 얼음이 깎여 나가면서 그 자리에 남게 되는데, 지형에 따라서는 그런 운석이 모이는 곳도 있다. 그런 곳을 만나면 운석을 한꺼번에 여러 개 주

서남극 알렉산더 섬 부근에 생긴 해빙(위)과 해빙 조각들(아래)

```
1
2
34
```
1. 운석 조사팀이 비행기에서 내려 2. 스키두를 타고 운석이 있을 만한 곳으로 이동하고 있다. 3. 운석을 찾으러 걸어가는 대원들과 4. 운석을 발견한 대원이 사진을 찍고 있다.

울 수 있다.

　일본, 미국, 이탈리아 같은 나라는 남극 대륙의 안쪽에서 운석을 꽤 발견해 채집하였다. 일본은 일찌감치 운석 채집을 시작해서 2만 여 개 가까이 모았으며, 이에 뒤질세라 중국도 운석 채집에 열을 올리고 있다.

　우리나라는 2006～2007년부터 남극 대륙 안쪽에서 운석을 채집하고 있다. 스키두를 타고 빙원을 헤매면서 검은 덩어리를 찾아 운석인지 확인한다. 운석은 지구의 대기 중으로 들어오면서 높은 열에 녹기 때문에 표면이 미끈한 것이 특징이다. 운석이면 오염되지 않도록 손도 대지 않고 집게로 집어서 비닐봉지에 담아 아이스박스에 넣어 보관한다.

5 남극의 생물은

040

남극물개와 해표는 어떻게 다를까?

남극의 대표 동물이라 할 수 있는 남극물개와 해표물범는 발 대신 지느러미가 있는 포유동물로, 육식을 하며 바다에서 산다는 공통점이 있다. 이런 동물들의 조상은 모두 땅에서 살다가 바다 생활에 적응했지만 새끼를 물 바깥에서 낳는다는 점이 고래와 다르다. 고래만큼 바다 생활에 적응하지 못하였기 때문이다. 온대 바다에 사는 듀공이나 매너티는 초식동물이라는 점에서 남극물개나 해표와 또 다르다.

남극물개는 퇴화되어 작아진 귓바퀴가 있으며, 허리를 곧추세우고 커다란 앞 지느러미로 헤엄을 잘 친다. 무리를 지어 살며 범고래나 표범해표의 먹이가 된다. 지능이 높은 편이며 행동이 빠르고 경계심이 많지만, 사람을 공격하는 야성을 지녔다. 새끼라 귀엽

세종기지 부근에 모여 있는 남극물개

다고, 또는 잠을 자고 있으니까 괜찮겠지 생각하고 접근했다가는 화를 당할 수 있으므로 늘 조심해야 한다. 세종기지 부근에는 한여름보다 겨울에 자주 나타난다.

몸이 뚱뚱한 해표는 귓바퀴가 퇴화되어 완전히 없어졌고 허리를 세우지도 못하며, 배를 깔고 기어 다닌다. 앞 지느러미가 작아 헤엄은 주로 뒷지느러미로 치며, 몸집이 뚱뚱해서 그런지 길게 늘어져

바닷가의 코끼리해표(왼쪽)와 잠든 웨들해표(오른쪽)

자는 것을 좋아한다. 남극물개의 털이 긴 대신 몸속의 지방층이 얇은 데 비해 해표는 털은 짧지만 지방층이 아주 두껍다.

참고로 바다사자는 물개류이고, 바다표범 · 바다범 · 물범으로 불리는 종은 해표류이다. 북극에서만 사는 바다코끼리는 위턱에 있는 긴 송곳니 2개는 보트를 뚫을 정도로 강하다. 이 송곳니로 조개를 캐 먹는 것으로 알려져 있었는데, 최근 해표의 새끼를 잡아먹는 모습이 사람들 눈에 띄기도 하였다.

041

남극물개는 새끼 펭귄만 잡는다?!

남극에 사는 펭귄의 천적 가운데 남극물개가 있다. 그러나 남극물개가 펭귄을 잡는 광경은 좀처럼 보기 힘들다. 남극물개는 펭귄뿐 아니라 다른 먹이들도 잡아먹으며 살기 때문이다. 그럼에도 펭귄에게는 무서운 천적이 남극물개인데, 남극물개는 어떻게 펭귄을 잡을까?

남극물개는 목표로 삼은 펭귄을 물 바깥으로 몰아내는 것으로 사냥을 시작한다. 남극물개가 물속에 있는 펭귄을 자꾸 따라가면 펭귄은 어쩔 수 없이 물 바깥으로 쫓겨 나간다. 땅 위로 오른 물개나 펭귄은 둘 다 행동이 민첩하지 않다. 물개는 잘 뛰지 못하고 펭귄은 뒤뚱거린다. 그래서 처음에는 물개가 쉬지 않고 펭귄을 쫓아다녀도 펭귄이 빠르게 피해 다니는 것처럼 보인다. 그렇게 시간이 흐르면 펭귄은 물개에게 엉덩이 깃을 한두 번 물리기도 하는데 그때마다 잘 빠져나가다가 결국 지친 펭귄은 물개에게 잡힌다.

사냥법이 이러하다 보니 남극물개가 잡는 펭귄은 대개 다쳤거나 병들어 몸을 재빨리 움직이지 못하는 펭귄들이다. 동물은 본능으로 먹잇감이 되는 동물의 움직임만 보아도 어디가 약한지를 안다. 약한 펭귄만을 사냥하다 보니 남극물개가 어린 펭귄만 잡는 것으로 보일 수도 있지만 실제는 그렇지 않다.

남극물개가 표범해표처럼 물속에서 펭귄을 잡는 것은 아닐까 하는 생각이 들 수도 있겠지만, 실제로 그런 모습이 사람 눈에 띈 적은 없다. 충분히 그럴 수도 있을 것 같은데 말이다.

042

귓바퀴 없는 해표는 소리를 못 듣는다?!

해표와 남극물개의 조상은 원래 땅에서 살았다. 그러나 바닷속에서 먹이를 찾기 시작하면서 네 다리가 지느러미로 바뀌었고, 차디찬 바닷물 속에서 버티기 위해 지방이나 털로 몸을 따뜻하게 보호하게 되었다. 이 과정에서 해표의 귓바퀴는 헤엄을 치는 데 도움이 되지 않자 완전히 퇴화되었으며, 남극물개는 소리를 모으기 위해 귓바퀴의 크기를 줄이는 방법을 택하였다.

그럼 귓바퀴가 없는 해표는 소리도 들을 수 없는 것일까. 귓바퀴는 없어도 귓구멍이 있어서 해표는 소리를 잘 듣는다. 음파의 진동을 속귀로 전해 주는 가운데귀가 머리뼈 속에 있어서 음파를 뇌로 전달하기 때문이다. 둥글고 불룩하게 생긴 청각 기관을 갖고 있는 해표는 귓바퀴가 없어도 소리를 듣는 데 전혀 문제가 없다. 귓바퀴가 있는 남극물개는 소리를 듣는 기관이 거의 눈에 띄지 않아서 있는 것 같지도 않다. 그러나 남극물개 역시 소리는 잘 듣는다.

동물에게 소리는 생명을 좌우할 만큼 살아가는 데 중요한 요소이다. 그러므로 동물들은 어떤 식으로든 소리를 들을 수 있는 기관을 가지고 있다.

043

표범해표는 사람을 해친다?!

표범해표는 남빙양에 사는 해표의 일종이다. 턱이 커서 머리가 크고 목에 검은 점이 있으며, 몸집이 아주 크다. 크릴이나 펭귄, 남극물개, 다른 해표를 잡아먹고 산다. 정작 표범해표의 천적은 범고래이다.

다른 해표나 남극물개의 머리는 몸에 비해 아주 작은 데 비해 표범해표는 머리가 몸에 비해 좀 큰 편이다. 이 때문에 표범해표가 포

표범해표 사람이 가까이 다가가자 송곳니를 드러내며 위협하고 있다.

유빙 위에서 편안하게 잠자고 있는 것은, 멀리 있어도 머리가 크고 등이 둥근 것으로 보아, 표범해표이다.

악해 보이는 것인지도 모르겠다. 실제로 표범해표는 성격이 포악해서 사람에게 덤벼들기도 하고 아주 드문 일이기는 하지만 사람을 공격해 사망케 한 적도 한 번 있었다.

해표나 물개 모두 몸 전체의 모습은 유선형을 이루고 있어 비슷하게 생겼다. 이것은 땅에서 살았던 이들의 조상이 다 같이 차가운 물속 생활에 적응하고 비슷한 먹이를 잡아먹으면서 생긴 결과로 보인다. 동물은 사는 환경과 먹이에 따라 모습, 습성이나 생태가 결정되는데, 표범해표를 비롯한 해표와 남극물개가 사는 곳이 같고 먹이가 비슷해지자 모양과 습성도 크게 차이 나지 않게 된 것으로 보인다. 해표와 남극물개도 종이나 계절에 따라 차이가 나기는 하지만,

크게 보면 크릴, 물고기, 오징어들을 잡아먹는다.

ロ닉닉

크랩이터해표는 게를 먹는다?!

남극에 가장 많다고 알려진 해표는 크랩이터해표이다. 크랩이터해
표의 이빨은 크릴을 잘 걸러 먹을 수 있도록 가지가 3개 나 있어서,
물은 빠져나가고 크릴만 입안에 남는다. 크랩이터해표의 이빨과 턱
은 다른 해표나 물개보다는 약하게 생겼다는 느낌이 든다. 송곳니도
작고 그렇게 날카롭지 않다. 이빨이 굳이 강하거나 날카로울 필요가
없나는 뜻으로, 일종의 진화를 한 것이다.

암수의 사이가 좋은 크랩이터해표

크랩이터해표는 주로 바다에 떠 있는 얼음 위에 살기 때문에 뼈대와 근육이 얼음 위를 잘 오르내릴 수 있도록 발달하였다. 암수가 짝을 지으면 죽기 전에는 한눈을 팔지 않으므로 해안이나 바다에 한 쌍이 함께 있는 모습을 자주 볼 수 있다.

크랩이터해표의 가죽과 지방층에서는 비린내가 심하게 난다. 실제 표본으로 잡았던 크랩이터해표의 가죽을 벗길 때 꼈던 장갑은 비린내가 심하게 배서 버려야 할 정도였다. 남극물개도 비린내가 심하긴 마찬가지이다. 그런데 먹이나 생태, 심지어 습성도 비슷한 웨들해표는 비린내가 거의 나지 않는다. 신기하고 이상한 일이다.

045

크릴은 새우다?!

크릴을 흔히 크릴새우라고 부른다. 그러나 크릴은 새우가 아니다. 실제로 크릴과 새우는 모양과 사는 방식이 다르다. 그런데도 이름 뒤에 새우를 붙여 부르는 것은 크릴의 특성을 잘 모르는 데다 이름까지 낯설어서 겉모습이 비슷해 보이는 새우를 붙인 것이 아닌가 싶다. 사실 우리나라에서 크릴이 신문이나 사람들 입에 오르내리게 된 것은 1970년대 후반쯤 크릴 어획을 시작하면서부터다.

크릴은 노르웨이 말로 '새끼 물고기'라는 뜻이다. 아마도 노르웨이 사람들에게 크릴은 어린 물고기처럼 보인 모양이다. 그러나 크릴은 길이가 5~7센티미터 정도 되는 꽤 큰 동물플랑크톤이며, 게나

가재와 같은 갑각류이다. 이들은 규조라는 아주 작은 식물플랑크톤을 먹는다.

　남극에 있는 동물들은 크릴을 많이 먹기 때문에 크릴에 많이 의존한다. 물고기를 포함해 수염고래, 남빙양에 있는 해표와 물개, 펭귄뿐만 아니라 남극물개 · 해표 · 펭귄을 잡아먹고 사는 표범해표도 크릴을 좋아한다. 이런 점에서 크릴은 남빙양 생태계의 기초 구성원이라 할 수 있다. 실제로 다른 동물의 먹이가 된 크릴의 소화되지 않은 눈과 꼬리 껍데기가 배설물로 배출된 것을 볼 수 있다. 남극에 있는 육식동물들의 먹이를 연구할 때에는 그 동물의 배설물에 섞여 있는 소화되지 않은 물고기 뼈와 크릴의 눈이나 꼬리 껍데기가 좋은 연구 재료가 된다.

　남극에 있는 동물들만이 아니라 일본이나 러시아에서는 사람도

바닷물을 붉게 만든 크릴 떼

크릴을 먹는다. 우리나라는 크릴을 잡아서 수출을 하거나 사료나 낚시의 미끼로 주로 사용하는데, 최근 크릴을 재료로 죽을 쑤어 파는 음식점이 생겼다.

크릴은 잡은 지 한 시간 정도 지나면 허옇게 색이 변한다. 그래서 잡은 뒤 바로 냉동시켜 유통한다. 남빙양에 크릴이 아주 많은 것으로 알려져 지금은 풍부한 어획량을 자랑하며 잡고 있지만, 남빙양 전체에 고르게 분포하는 것도 아니며 점차 수도 줄고 있다. 그래서 환경을 보호하자고 주장하는 사람들은 생태계의 가장 기초 단계를 맡고 있는 크릴의 어획량을 줄이지 않으면 생태계 전체에 문제가 생길 것이라고 입을 모으고 있다.

046

펭귄은 남극에만 있다?!

남극을 대표하는 새인 펭귄은 남극에서만 사는 것은 아니다. 갈라파고스 제도에도 있고, 남아프리카, 뉴질랜드, 오스트레일리아 남부, 마젤란 해협에서도 살고 있다. 남극에는 5종의 펭귄이 서식하며, 남극의 찬 바닷물이 북쪽의 덜 찬 바닷물을 만나는 남위 60도의 북쪽을 아남극이라 하는데 이곳에도 2종의 펭귄이 있다.

펭귄은 종이 다르면 같은 군서지에서도 섞여 살지 않고, 같은 종끼리만 모여서 산다. 펭귄은 부화하여 어느 정도 자라면 저희들끼리 모여 도둑갈매기 같은 천적에게 대항하는 방법과 같은 세상을 살아

1 2
3
4

펭귄 1. 무리를 지어 살고 있는 군서지 2. 달리는 어미를 따라 뛰는 법을 배우며 다리 근육을 키우는 새끼 펭귄 3. 잡아 온 먹이를 토해 새끼에게 먹이는 어미 펭귄 4. 젠투펭귄 군서지 주변으로 이끼가 보인다.

세종기지 남쪽에 있는 군서지로 돌아오는
젠투펭귄 무리(위)와 춤추듯 걷고 있는
턱끈펭귄 한 쌍(아래)

가는 기술과 지혜를 배운다. 이렇게 새끼들이 모여 있는 곳을 유치
원이라고 부른다. 새끼 펭귄을 유치원에 보낸 엄마, 아빠 펭귄은 부
지런히 먹이를 가져와 새끼에게 먹인다. 아무리 많은 수의 새끼 펭
귄이 모여 있어도 부모 펭귄은 목소리로 제 새끼를 찾아내 먹이를
먹인다. 간혹 먹이를 구하러 나갔던 엄마, 아빠 펭귄이 천적에게 화
를 당하는 경우가 있는데, 그러면 고아가 된 펭귄 새끼는 살아남지
못한다. 자기 새끼에게 먹이를 대는 것도 빠듯해서 다른 펭귄의 새
끼에게까지 먹이를 나눠 줄 수 없기 때문에 부모를 잃은 새끼는 결
국 굶어죽게 된다.

펭귄 새끼는 자라면 솜털을 방수깃털로 갈아입는다. 그러고는 스스로 물가로 내려가 어미의 가르침 없이 물속으로 뛰어들어 헤엄을 친다. 펭귄의 배설물은 식물에게 좋은 영양분이 되기 때문에 펭귄 군서지 부근에서는 이끼가 잘 자란다.

펭귄은 물새이지만 갈매기와는 달리 직접 물속에 들어가 헤엄치면서 먹이를 잡는다. 그래서 펭귄의 뼛속은 갈매기나 다른 새들의 뼈와는 달리 속이 꽉 차 있어서 무겁다. 이런 점은 펭귄의 뼈와 다른 새의 뼈를 구별하는 특징이 된다.

펭귄의 천적으로는 범고래, 표범해표, 남극물개와 남극도둑갈매기, 자이언트페트렐 같은 새를 꼽을 수 있다.

세종기지 부근에서는 턱끈펭귄, 젠투펭귄, 아델리펭귄을 볼 수 있다. 턱끈펭귄과 젠투펭귄은 기지 남쪽에 모여 번식하고, 아델리펭귄은 기지에서 좀 떨어진 곳에서 산다.

047

황제펭귄이 사라졌다고?!

황제펭귄은 펭귄 가운데 몸집이 가장 크고 퉁퉁해서 그런지 아주 점잖게 걷는 것이 특징이다. 둥지를 만들지 않으며, 암컷이 한겨울에 알을 낳으면 수컷이 발등 위에 올려놓고 아랫배의 맨살로 품어서 부화를 시킨다. 그런 이유에서인지 몸집이 자신보다 작은 남극에 사는 다른 종의 펭귄들보다도 적은 1개의 알을 낳아 품는다. 한겨울 동안 알을 품는 수컷은 몸무게가 무려 40퍼센트나 줄어드는데, 그 사이 암컷은 바다에서 먹이를 실컷 먹고 새끼가 깨어날 때쯤 돌아온다. 암컷이 오면 그제야 수컷은 먹이를 먹으러 바다로 나간다.

1991년 겨울 세종기지 부근에 나타난 황제펭귄

황제펭귄 새끼들도 어느 정도 자라면 자기네끼리 모여서 유치원을 만든다. 새끼 펭귄들은 둥글게 모여서 어미 펭귄이 돌아오기를 기다린다. 먹이를 배불리 먹은 어미 펭귄은 다른 펭귄들처럼 새끼들이 모여 있는 유치원으로 와서 울음소리로 자기 새끼를 찾아 먹이를 먹인다. 만약 어미는 돌아오지 않는데 날씨가 나빠져 눈보라가 일주

1993년 1월 서남극 알렉산더 섬 부근에서 만난 황제펭귄

일 이상 쉬지 않고 몰아치면, 수백에서 수천 마리나 되는 황제펭귄
의 새끼들은 선 채로 꽁꽁 얼어 죽는다. 새끼 펭귄의 솜털은 방수 능
력이 없기 때문에 눈보라가 파고들면 체온에 녹은 눈이 물이 되어
흐르면서 새끼 펭귄의 체온을 빼앗아가 얼어 죽는 것이다.

그런데 최근에는 지구 전체가 더워지면서 황제펭귄이 사라지고
있다. 실제 1993년 1월 서남극 알렉산더 섬 부근의 바다에서 목격한
황제펭귄들도 이제는 볼 수 없을 것이다.

펭귄을 북극으로 옮기면?

남극의 펭귄을 북극으로 옮겨 놓으면 잘 적응할 수 있을까? 동물이
어떤 장소에서 잘 살아가려면 기후가 적당해야 하고 먹이가 있어야
한다. 북극에도 펭귄의 먹이인 크릴이 있다. 크기가 좀 작고 남극에
사는 크릴과 같은 종은 아니지만 크릴이 분포하기는 한다. 오히려
남극보다 크릴의 종은 북극이 더 많다. 먹이가 있으니 펭귄이 북극
에서도 살 수 있을 것 같다.

그런데 왜 북극에는 펭귄이 없는 것일까? 먹이 때문이 아니라
펭귄이 처음 나타난 지리 조건이 문제인 것으로 보인다. 5000만 년
전 남반구 중위도에 살던 물새가 바닷물 속에서도 생활할 수 있도록
진화한 새가 바로 펭귄이다. 진화한 펭귄은 북쪽으로 적도까지는 올
라갔으나 무슨 이유 때문인지는 몰라도 적도를 넘어 북극으로 올라

가지는 못하였다. 그래서 북극에는 펭귄이 없다.

그렇다면 펭귄처럼 북극곰도 남극에서는 살 수 없을까? 북극곰은 바다에 떠 있는 얼음 위에서 주로 해표를 잡아먹으며 산다. 남극의 표범해표와 크랩이터해표는 얼음 위에 새끼를 낳으므로 이들이 북극곰의 먹이가 될 수 있을 것이다. 또 땅에서도 행동이 민첩한 북극곰은 땅에서 새끼를 낳거나 알을 부화하는 해표나 물개, 펭귄도 쉽게 잡을 수 있어 먹이는 역시 문제가 되지 않을 듯싶다. 먹이가 되는 남극물개, 웨들해표, 코끼리해표 들이 새끼를 땅 위에 낳으므로 아마도 북극곰은 남극에서도 살 수 있을 것으로 생각된다.

먹이와 자연환경만 보면 북극곰은 남극의 땅에서는 잘 적응해 살 수 있을지 모르지만, 바다에는 천적이 너무 많아서 그들의 공격을 받아 오래 버티지 못하고 멸종할 가능성이 있다. 땅 위에서 먹이를 찾지 못해 바닷속으로 들어가면 아무래도 북극곰이 불리해질 테니 말이다. 물속에서는 표범해표나 범고래의 적수가 될 수 없기 때문이다.

어떤 동물이든 그동안 자신이 살아온 곳을 벗어나 새로운 환경에 적응해 잘 살아간다는 것은 결코 쉬운 일이 아니다.

049

남극에도 곤충이 있다?!

곤충은 약 4억 2000만 년 전 지구에 나타났으며 오늘날까지 잘 번성하고 있다. 실제로 현재 알려진 종만 100만 종이 넘어 눈에 보이는 생물 가운데 가장 많다. 이렇게 번성한 곤충은 남극에도 있을까? 물론 있다. 지금까지 남극 대륙과 섬에서 살고 있는 곤충은 67종인 것으로 보고되었다. 곤충의 종은 많지 않은 대신 각 종의 개체 수는 많은 편이다. 곤충 67종 가운데 22종만 제 스스로 독립해 살고 나머지는 온혈 동물인 새나 해표, 물개들에 기생해서 살아간다.

남극 대륙에 있는 곤충 가운데 톡토기만 기생 생활을 하지 않는다. 길이가 1~2밀리미터에 날개도 없는 동물인데, 워낙 작은 데다 톡톡 튀어서 잡기도 힘들다. 남극에서는 식물에 붙어 있거나 물에 떠 있는 톡토기 떼를 가끔 만난다. 적으면 수십 마리에서 많으면 수백 마리 이상의 톡토기가 모여 있다. 펭귄의 뼈에도 많다.

남극에 있는 섬에는 크기가 채 5밀리미터도 안 되는 날개 달린 작은 곤충도 2종이 있는데, 바람이 워낙 세서 1종은 나는 능력을 잃어버렸다. 다른 1종도 날개는 있지만 과연 날 수 있는지 의문이다. 이 종은 물속에서 어른벌레로 탈바꿈하는데 아주 보기 힘들다.

새에 기생하는 곤충도 많다. 이 곤충들은 주로 새의 깃털 뿌리에서 피를 빨아먹는데, 깃털 뿌리에 수북이 모여 있는 경우가 많다. 벼룩은 땅 위에 튼 새의 둥지에서 주로 발견되고, 기생충은 새의 몸에 기생하기 때문에 남극의 심한 추위나 강한 바람의 영향을 받지 않고 살아간다.

남극에는 벌레도 있다?!

남극에는 곤충 외에 벌레도 있다. 선충류, 완보류, 윤충, 진드기, 아메바 들이다. 선충류는 1밀리미터에서 수 밀리미터로 가늘고 길며 흙, 식물, 동물, 죽은 동물에 모여 살아 남극에 가장 잘 적응한 동물 중의 하나이다. 주로 땅에서 살지만 바닷물에서도 산다. 완보류의 크기는 1밀리미터가 채 되지 않으며, 아주 천천히 기는 동물로 식물체 속에 뭉쳐서 산다. 수분이 없어도 꽤 오래 살 수 있는 것으로 알려졌으며, 이 때문에 숫자가 많은 것이라 생각된다. 윤충은 타원 모양의 동물로 주로 민물에 살지만, 몇 종은 바닷물에서도 살며 완보류와 섞여서 살기도 한다. 크기가 0.5밀리미터도 되지 않아 1제곱미터의 이끼 속에 10만 마리 넘게 모여서 산다. 이 벌레들은 크기가 큰 것도 2밀리미터를 넘지 않아 잘 살피지 않으면 못 보고 지나치기 쉽다.

벌레들은 위에서 말했듯이 이끼나 풀의 흙 속 뿌리에 모여 살기도 한다. 그러나 아주 작아서 채집이 쉽지 않다. 크기가 가장 큰 무리에 속하는 진드기는 주로 진한 고동색이나 검은색으로 고래나 해표의 뼈 틈새에 새까맣게 붙어 있다.

남극 진드기

비다 호수에서는 원시와 우주 생물을 연구할 수 있다?!

2002년 12월 동남극 드라이 밸리에 있는 비다 호수에서 채집한, 2800년 된 미생물이 살아나 세상을 놀라게 하였다. 주인공은 비다 호수를 덮은 얼음 속에서 1996년에 처음 발견된 실처럼 긴 남세균으로, 얼음을 녹이자 얼음 속에 있던 남세균이 살아나 번식하였다. 이는 아마도 원시 생물의 강한 생명력 때문에 가능한 것이라 생각된다.

비다 호수는 최소 두께가 19미터이며 항상 그 이상의 얼음으로 덮여 있는, 지구에서 가장 두꺼운 얼음으로 덮인 호수이다. 이 호수의 염분은 바다의 7배에 이를 성노로 높아서, 수심 5미터로 추정되는 호수 바닥의 물 온도가 섭씨 영하 10도 정도인데도 얼지 않는다. 바다의 평균 염분 농도는 35퍼밀로 바닷물 1리터에 35그램의 염분이 녹아 있는 셈인데, 이보다 염분이 7배나 된다니 굉장히 짠 것이다. 비다 호숫물은 오랫동안 한곳에 모이고 증발하기를 반복하면서 염분의 농도가 높아졌다.

호수 부근의 평균 온도는 섭씨 영하 30도인데, 여름에 어쩌다 기온이 영상으로 올라가서 얼음이 녹은 뒤, 그 물이 모여 호수가 되었다. 호수 근처는 남극에서도 아주 건조한 지역으로 일 년 내내 눈이 10센티미터도 내리지 않는 곳이다.

비다 호수 수면을 두껍게 덮고 있는 얼음 때문에 외부의 공기와 물이 수천 년 동안 들어가지 못해서 비다 호수의 생물과 그 흔적은 원초 그대로 남아 있다. 또 주변 환경은 기온이 아주 낮고 생물이 거의 없으며, 건조하다는 점에서 화성과 비슷해 우주생물학을 연구하기에도 적당하다. 우주생물학은 말 그대로 지구가 아닌 외계에 사는 생물을 연구하는 학문이다.

052

남극에서는 먹을 것을 구할 수 없다?!

처음 남극 탐험을 시작했던 무렵인 19세기 말에서 20세기 초에는 조난당한 선원이나 탐험대가 남극에서 물개나 해표, 물고기를 잡아먹으며 1년간 살다가 돌아온 적이 있었다. 이러한 경험을 바탕으로 남극에서 살게 되면 살 수도 있다고 상상할지도 모르겠다.

하지만 예를 들어 세종기지 부근의 바다에서 먹을 만한 것을 찾아보면 기지 부근에서 잡히는 남극대구가 그런대로 무난한 먹을거리이다. 남극대구는 우리가 흔히 먹는 대구와는 생물 분류상 아무런 관계도 없는데, 영어 이름 때문에 우리도 그냥 남극대구라고 한다. 날씨가 좋을 때 낚시로 잡는데, 주로 수심 10미터 정도에 많으며 사람을 무서워하지 않아 쉽게 잡힌다. 새끼손가락 끝마디

낚시로 잡은 남극대구

해안 바위에 붙어 있는 남극의 삿갓조개들

정도 크기의 돼지고기나 쇠고기를 미끼로 쓰면 한 줄에 두 마리씩 딸려 올라오기도 한다. 그물을 놓아 잡을 수도 있다. 남극대구를 잡을 수 있을 만큼 좋은 날씨가 한 달에 며칠밖에 되지 않는 게 문제라면 문제이다.

겨울에는 바다가 얼면 얼음낚시를 할 수도 있지만, 세종기지 부근의 바다는 잘 얼지 않는다. 결국 여름이든 겨울이든 많은 사람이 먹을 정도로 풍부하게 잡을 수가 없다는 뜻이다.

이 밖에도 남극빙어 같은 다른 종의 물고기가 살고 있지만 잡히는 것은 대부분 남극대구이다.

물이 빠지면 바위틈에서 볼 수 있는 삿갓조개도 먹을 수 있다. 1988년에 호기심이 일어 된장국에 넣어 끓여 먹은 적이 있다. 그러나 많은 사람이 먹을 수 있을 만큼 그 수가 많지 않다.

연구 재료를 채집하는 잠수부가 간혹 세종기지 앞바다의 얕은 바닥에서 작은 성게와 6~8센티미터쯤 되는 큰띠조개를 잡아 올리기도 한다. 먹으면 못 먹을 거야 없겠지만 먹은 적은 없다. 세종기지 주변에서 갑오징어의 뼈가 어쩌다 눈에 띄는 것으로 보아 오징어도 살고 있는 것 같은데, 직접 본 적도 없고 봤다는 이야기를 듣지도

세종기지 주변에서 드물게 잡히는 남극빙어

못하였다. 이들은 물속에 있는 것이라 잡기가 쉽지 않아서 먹을 만한 것은 아니다. 어쨌든 모두 대단한 먹을거리는 아니어서 남극에는 특별한 경우를 빼고는 먹을 것이 많지 않다고 보아야 한다.

그러므로 조난당해 남극에서 살고 있는 동물을 잡아먹으며 오랜 기간 버틸 수 있을 것 같지는 않다. 그러나 지금은 시대가 바뀌었다. 이제 굳이 그런 모험을 할 사람도 없고 그럴 필요도 없다.

053
남극과 북극은 어떤 점이 같고 어떤 점이 다를까?

남극과 북극은 지구의 맨 아래와 위에 있어서 태양빛이 적게 도달한다는 점에서는 같지만, 추운 정도까지 같지는 않다. 남극은 얼음에 덮인 고도가 아주 높은 땅으로 얼음이 햇빛을 반사한다. 반면 북극은 온도 변화가 심하지 않은 바다인 데다 고도가 낮고 햇빛을 많이 흡수하며, 남쪽의 따뜻한 물이 섞여서 남극보다 기온이 높다. 북극에서 기온이 가장 낮은 곳은 북극 바다의 한가운데가 아니라 동시베리아 한가운데이다. 반면 남극에서 기온이 가장 낮은 곳은 남극 대륙의 한가운데로 아주 높은 곳이다.

북동아시아 사람들은 일찍이 북극으로 건너가 원주민이 되었다. 유럽의 여러 국가들은 아시아에 빨리 도착하기 위해 북극 항로를 탐험하였으며, 북아메리카의 북쪽 오지까지 탐험하게 되었다. 반면 남극은 19세기 초에 우연히 발견된 뒤에 남극물개, 코끼리해표, 고래를 잡는 사람들이 이따금 건너갔으며 용감한 탐험가들의 발길이 닿은 정도였다.

북극은 유라시아 대륙으로 둘러싸여 일찍이 영유권이 설정된 것에 비해 남극은 20세기 초가 되어서야 영유권을 주장하기 시작하였다. 그러나 남극조약에 따라 현재는 영유권 주장을 인정도 부인도 하지 않는 상태이다. 주인이 있는 북극의 지하자원은 어렵지 않게 개발될 것으로 보이나, 남극에 있는 지하자원은 정확한 조사도 되지 않은 상태로, 국제사회는 환경 보호를 위해 21세기 중반까지는 개발을 하지 않기로 약속하였다.

지구의 양극에 위치한 남극과 북극은 지구 기후에 큰 영향을 끼치기 때문에 연구할 가치는 무궁무진하다. 앞으로 충분한 연구가 이루어질 것이고 연구되어야 할 곳이다.

054

남극과 북극은 아주 깨끗하다?!

북극이나 남극은 문명 세계에서 워낙 멀리 떨어져 있어서 깨끗하다고 생각된다. 게다가 남극은 남빙양이라는 거대한 바다로 둘러싸여 있어 더 깨끗할 것이라 여겨진다. 그러나 실제로 남극이나 북극은 생각하는 것보다는 덜 깨끗하다.

북극은 극지방이기는 하지만 문명 세계가 대부분 북반구에 있기 때문에 1만 미터 높이로 나는 비행기에서 보면 지면을 덮은 누런 공기층이 보인다. 북반구에 있는 유라시아에서 생긴 연무가 높은 상공으로 올라갔다가 북극 하늘을 거쳐 알라스카로 날아가기 때문이다. 연무란 주로 석유나 석탄 같은 화석연료를 태워서 생기는 연기와, 제철소 같은 여러 산업 시설에서 나오는 이산화탄소와 황화물 그리고 숯검정이 공중에 떠다니는 것을 말한다. 게다가 북극에 있는 해표의 몸에서는 수은, 아연, 구리, 납, 카드뮴 같은 중금속이 발견되었다. 최근에는 연무에서 살충제 성분과 불화탄화수소가 검출되기도 하였다. 이러한 현상은 공기로도 알 수 있지만 눈이나 얼음을 검사해 보면 좀 더 분명히 알 수 있다.

DDT 같은 살충제가 펭귄 알에서 발견되는 것을 보면 남극도 생각만큼 깨끗한 곳은 아니다. 세종기지 부근에서 채집한 지의류에서도 구리, 망간, 카드뮴 같은 중금속이 발견되었으며 양은 적지만 납도 확인되었다. 20세기 후반까지 자동차 연료에 섞여 있었던 납이 이곳까지 날아와 발견된 것으로 보인다. 물론 납이 섞인 연료를 쓰지 않으면서 그 양은 줄어 들었을 것이다. 그나마 남극은 거대한 바다로 둘러싸여 있어서 북극처럼 더러운 물질들이 계절마다 높은 하늘에서 부는 바람을 타고 날아오지는 않는다.

055

북극해가 아니라 북극양!

북극이 거대한 바다라는 것은 다들 알고 있지만, 그 바다의 정확한 이름이 북극해가 아닌 북극양이라는 사실은 잘 모른다. 5대양 6대주는 우리가 어릴 때부터 익히 들어온 말이다. 5대양이 어디인가? 태평양, 대서양, 인도양, 남빙양, 북극양이 5대양이다. 영어로도 Arctic Ocean^{북극양}이므로 '북극해'는 잘못된 번역이다. 누구인지 몰라도 오래전 영어와 한자를 아는 사람이 서양의 과학을 동양에 소개하면서 잘못 번역한 것으로 생각된다. 잘못된 줄도 모르고 오랫동안 쓰다 보니 귀와 입에 익숙해진 것뿐이다. 모르면 몰라도 알았으면 앞으로는 정확히 부르는 것이 좋겠다.

넓이가 948만 5000제곱킬로미터인 북극양은 지중해^{251만 제곱킬로미터}나 동해^{101만 제곱킬로미터} 같은 바다가 아니다. 바다 가운데 가장 넓은 남중국 해가 297만 세곱킬로미터이므로, 북극양은 가장 넓은 바다의 3배가 넘는 대양이 분명하다.

6대주는 아시아, 남아메리카, 북아메리카, 아프리카, 유럽, 오스트레일리아이고, 남극 대륙은 제7대륙이다.

056

남극에도 북극곰이 있다?!

같은 극지방이므로 남극에도 북극곰이 살고 있는 것으로 잘못 알고 있는 사람이 있다. 이름대로 북극곰은 북극에서만 살고 남극에는 없다. 남극에서 사는 포유동물은 해안과 바다를 오가면서 생활하는 남극물개와 해표 그리고 바다에서 사는 고래뿐이다.

이에 비해 북극의 땅에서는
북극곰, 사향소, 나그네쥐, 북극
여우, 순록, 눈토끼, 늑대와 같은
포유동물들이 살아가고 있다. 북
극곰은 겨울잠을 자지 않으며,
헤엄을 잘 치고 땅보다는 주로 얼
음 위에서 생활한다. 이렇게 다양
한 포유동물이 북극에서 살 수 있

북극에 살고 있는 순록

는 것은 대륙으로 둘러싸여 있어 대륙에서 동물이 쉽게 건너와 적응
했기 때문이다. 건너갈 수 있다고 모두 다 살아남은 것이 아니라 북
극 환경에 적응한 종들만이 살아남았다. 북극의 바다에는 북
극곰 외에 바다코끼리, 북방물개, 슈텔러바다사자, 해표,
고래와 같은 포유동물이 있다.

오래된 북극 탐험기를 보면 북극곰이 위에서 얼음
덩어리를 떨어뜨려 바다코끼리를 잡는 그림이 있다. 이
런 그림이 있는 것을 보면 북극곰도 도구를 사용하지
않을까 하는 생각이 든다. 그 책을 쓴 사람이 상상으
로 그리지는 않았을 것이기 때문이다. 그런데 생물
학자들 사이에도 거의 알려져 있지 않은 것을 보
면, 아마 자주 있는 일은 아닌 모양이다.

북극 다산기지를 관리하는 노르웨이 회사에 박제되어 있는 북극곰

북극의 고래는?

북극에도 고래가 있으며, 그 가운데에는 남극에서 보기 힘든 벨루가와 일각고래유니콘도 있다. 벨루가는 북극에 사는 흰 고래로 돌고래 계통이다. 몸길이가 4~6미터이며, 뚱뚱한 몸집에 등지느러미가 없다. 북극의 바다가 하얗게 얼어붙으면 얼음 아래를 헤엄쳐야 하므로 멀리 가지는 못한다. 그럴 때에는 얼음에 난 구멍으로 얼굴을 내밀고 여럿이 모여 숨을 쉬는데, 북극곰은 그때를 노려 벨루가를 죽여서 얼음 위로 끌어 올린다.

일각고래도 돌고래 계통이며, 왼쪽 앞니가 긴 것이 특징이다. 돌고래는 이빨고래 계통으로 좌우의 머리뼈가 대칭이 아닌데, 일각고래의 앞니도 하나만 길게 뻗어 나 있다. 수컷의 앞니는 긴 것이 2.7미터에 이른다. 무리 지어 살기 때문에 여러 마리가 동시에 머리를 들 때에는 앞니가 여기저기 삐죽하게 솟아나 재미있기도 하다.

북극의 원주민 이누이트는 카약을 타고 이 고래들을 잡아 왔다. 이들 고래는 살, 껍질, 기름, 뼈, 이빨까지 무엇 하나 버릴 것이 없는 쓸모가 많은 동물이다.

상어는 반드시 더운 바다에서만 사는 것은 아니어서 놀랍게도 그린란드 부근의 바다에서도 볼 수 있다. 몸길이가 2~3미터에 이르는 이 그린란드상어는 거무스름한 색깔을 띤다. 머리 옆에 세로로 찢어진 아가미의 틈과 지느러미를 보면 분명히 상어가 맞다.

매머드는 피 덕분에 북극에서도 살았다?!

북극과 시베리아는 지금은 황막하지만 지금으로부터 4000~5000년 전에는 그렇지 않아 덩치 큰 매머드가 살아서 돌아다녔다. 매머드가 멸종한 뒤로 북극 땅에서 사는 큰 동물이라고는 사향소와 순록 정도 이다. 물론 북극곰도 몸집은 크지만 주로 바다에서 산다.

매머드는 코끼리와 비슷하게 생겼지만 추운 곳에서 살았다는 점 에서 코끼리와는 크게 다르다. 과거에는 지금 극지에서 사는 동물들 의 털이 좋은 것을 근거로 삼아, 매머드도 털이 길어서 추운 곳에서 도 살 수 있었을 것이라고 추측하였다. 그런데 최근 4200년 전에 죽 은 매머드의 혈액 속에 피가 얼지 않도록 하는 성분이 있어서 추위 를 이길 수 있었다는 사실이 연구를 통해 밝혀졌다.

북극의 얼어붙은 땅에서 파낸 매머드의 피에서 헤모글로빈을 추 출하여 대장균에 넣어 복원시켜서 피의 상태를 관찰하였다. 그 결과 코끼리 피의 헤모글로빈은 온도가 높을 때에만 몸의 조직으로 산소 를 잘 전달하는 반면, 매머드 피의 헤모글로빈은 온도가 낮아져도 산소를 원활하게 전달한다는 것을 확인하였다. 이러한 특성 때문에 약 500만 년 전 아프리카에서 나타나 번성하였던 매머드가 추위에 적응해서 아프리카보다 기온이 훨씬 낮은 시베리아까지 와서 살게 되었을 것이다.

그러나 1만 년 전부터 그 수가 줄어들기 시작해서 약 4000년 전

북극 동시베리아 북쪽의 척치 해에 있는 브란겔 섬에서 멸종한 것으로 보인다. 사람이 매머드를 멸종시켰다는 주장도 있지만, 사실 여부는 좀 더 연구해야 할 것이다.

０５９

이누이트는 비타민 때문에 날고기를 먹는다?!

이누이트는 베링 해부터 그린란드와 북동시베리아의 척치 해 연안에서 사는 사람들이다. 이들은 주로 바다에서 잡은 포유동물의 날고기를 먹으며, 그 기름으로 불을 밝히거나 요리를 하고 도구와 무기의 새료로 삼았다. 또 바다와 강에서 잡은 생선과 자신들이 키우는 순록을 매우 중요하게 여긴다.

이들이 날고기를 먹는 이유는 조리할 때 드는 연료를 절약하면서 영양소가 파괴되는 것을 막기 위해서이다. 예컨대 이들은 채소나 과일에 많은 비타민 C 같은 영양소를 동물에게서 얻는다. 채소나 과일을 구하기 힘든 곳에서 살아가기 위한 삶의 지혜로 그들은 고기를 날로 먹는 방법을 선택하였다.

이들은 오래전부터 개썰매를 이용하고 동물의 가죽으로 카약을 만들어 탔다. 20세기에 쇠강철가 들어오기 전까지는 동물의 송곳니나 뼈, 구리나 돌로 만든 작살, 활, 칼, 창으로 동물을 잡았다. 손재주가 좋아서 빗, 바늘, 송곳, 작은 사람의 모양을 아주 잘 만들었으며, 무기에 작은 그림을 정교하게 새겨 넣었다.

사람들은 이누이트가 이글루라는 얼음집을 짓는다고 알고 있다. 그러나 이글루는 얼음으로만 짓는 것이 아니다. 이글루는 그들의 말로 집을 뜻하며, 3가지 형태가 있다. 여름 집은 기둥을 간단히 세운 다음 순록이나 해표의 가죽을 덮어 짓고, 겨울 집은 땅을 판 뒤 뗏장이나 물에 떠내려온 나무를 이용해 짓는데 때로는 돌도 쓰고 지붕을 흙으로 덮기도 한다. 세 번째 형태가 바로 얼음이나 눈으로 지은 집이다. 돔 모양의 이 집은 아주 추울 때만 몇 주 정도를 견딜 수 있어서, 주로 이동하는 동안에만 은신처로 사용한다.

덧붙이면, 북극의 특징 가운데 하나가 바로 남극과는 달리 북극에는 원주민인 이누이트가 있다는 것이다. 최근 지구가 더워지면서 얼음이 녹고 사냥감이 줄어들면서 이들 역시 전처럼 사냥을 많이 하지도 못하고 그들만의 고유한 생활 습관과 문화도 잃어가고 있는 것으로 보인다. 이들의 문화를 알고 지키는 것도 북극을 연구하는 데 필요한 중요한 요소인데 말이다.

2부 사람은 남극에서

남극은 언제 사람 눈에 처음 띄었을까? 누가 가장 먼저 남극에 발을 내딛었을까?
남극에 기지는 몇 개나 있을까? 남극의 주인은 누구일까?
그리고 남극의 환경은 어떻게 보호할까?

1 남극을 탐험해

060

남극은 영국의 제임스 쿡 함장이 발견하였다?!

영국의 제임스 쿡 선장은 1768년 영국을 떠나 타히티 섬을 찾아온 다음 해에 뉴질랜드를 발견하고는 영국의 땅으로 선언하였다. 서쪽으로 항해를 계속해 1770년 오스트레일리아 해안을 보고는 북쪽으로 가서 8월 22일에 오스트레일리아 동쪽 해안을 영국의 땅으로 선언하였다.

얼마 후 두 번째 탐험을 나선 그는 1773년 1월 17일 남극권을 넘어 들어가 두 달 동안 남빙양을 항해하다가 북쪽으로 올라갔다. 갈은 해 12월 다시 남빙양으로 들어왔다가 이듬해 1월 30일 가장 남쪽까지 내려왔으나 얼음에 막혀 되돌아갔다.

그는 이 항해로 전 세계에서 가장 먼저 남극권의 남쪽을 넘어 항해하였다는 영광은 얻었지만, 그가 그토록 찾고 싶어 했던 남극 대륙은 발견하지 못하였다. 그래서 사람들은 '남쪽에 있는 알려지지 않은 땅, 남극'은 없다고 믿기 시작하였다.

제임스 쿡의 항해 이후에 영국 상선 윌리엄스호의 선장인 윌리엄 스미스가 1819년 초 남극을 우연히 발견하였으나 남극 대륙이 아니라 남셰틀랜드 제도였다.

061

남극 대륙에 첫발을 내딛은 사람은 3명이다?!

사람에게는 그곳이 어디든 가장 먼저 첫발을 딛고는 그 사실을 과시하고 싶어 하는 과시욕이 있다. 남극 대륙도 예외는 아니었다. 처음으로 남극 대륙을 밟았다는 사람이 셋이나 된다. 이런 경쟁이 벌어진 것은 동남극 북빅토리아랜드 케이프 아다레에 포경선이 들어온 1895년 1월 24일이다. 바로 안타크틱*Antarctic*호를 타고 고래를 찾아 로스 해로 들어온 노르웨이인 선장 L. 크리스텐센과 잡역부 카르스텐 보르흐그레빙크 그리고 뉴질랜드 사람인 선원 폰 툰젤만 사이의 주장이 엇갈리면서 벌어진 일이다.

선장 크리스텐센은 항해 일지에 "나는 보트의 맨 앞쪽에 앉아 있다가 보트가 바닥에 닿자 '내가 남부 빅토리아랜드에 처음 상륙한 사람이다.'라고 말하면서 해안으로 뛰어내렸다."라고 기록하였다. 그러나 보르흐그레빙크는 잡지에 기고한 글에서 "(얕은 곳에 있는) 해파리를 잡으려는 욕심 탓인지, 아니면 알려지지 않은 땅에 처음 상륙하고 싶은 욕심 때문인지는 모르겠지만 '노를 젓지 말라.'는 명령을 듣자마자 나는 보트 옆으로 뛰어내렸다. 그래서 나는 가장 먼저 해안에 오를 수 있었고, 덕분에 가벼워진 배를 밀어 선장이 마른 땅으로 뛰어내릴 수 있도록 보트를 땅에 가까이 가게 하였다."라고 썼다. 또 폰 툰젤만은 일생 동안 "(자신이) 뱃머리에 있었으며, 보트가 움직이지 못하게 붙잡으려고 (자신이) 제일 먼저 해안으로 뛰어내렸다."라고 수장하였다. 정작 이 항해를 주선한 노르웨이 사업가 헨리크 요한 불은 이 논쟁에 끼어들지는 않았으나, "남극 본토에 첫 발을 내딛은 최초의 사람이 된다는 것은 드물지만 기분 좋은 일이다."라고만 말하였다.

3명 가운데 한 사람인 보르흐그레빙크는 이 항해를 계기로 1899년 3월부터 1900년 1월까지 남극 대륙에서 처음 겨울을 난 남극 탐험대의 대장이 되었다. 이 탐험대는 영국인이 비용을 부담해 영국 탐험대로 불렸으나, 대원은 3명을 뺀 나머지 사람들이 모두 노르웨이 사람이었다. 그들은 북 빅토리아랜드 케이프 아다레에 상륙해 건물 두 채를 지었으며 그 해 겨울에는 두 건물을 하나로 연결하였다. 보르흐그레빙크는 그 건물을 자신의 어머니 이름을 붙여 '캠프 리들리'라고 하였다.

062

남극 바다에서 처음 겨울을 난 사람은 누구일까?

남극 바다에서 처음으로 겨울을 지낸 사람은 벨기에의 남극 탐험대
원들이다. 그들은 탐험선 벨지카호를 타고 서남극, 오늘날의 벨링스
하우젠 해를 항해하던 중 1898년 3월 초 얼음 사이에 갇혀서 약 1년
을 지낸 뒤 이듬해인 1899년 3월 중순쯤 빠져나왔다. 벨기에 해군 장
교 아드리앵 드 제를라슈를 대장으로 한 이 탐험대는 그사이 서남극
벨링스하우젠 해를 서쪽으로 17도, 640킬로미터 이상을 떠내려갔다.

이 탐험에서 여름에는 선원 칼 윙케가 물에 빠져 죽고, 한겨울에
는 해군 장교 에밀 당코가 심장마비로 죽었다. 대원들은 미국인 의사

배가 바다의 얼음 사이에 끼여 오도 가도 못해 남극에서 겨울을 보내며 눈을 치우고 있는 벨지
카호 선원들(왼쪽)과 벨지카호(오른쪽)

프레더릭 쿡의 충고에 따라 비린내가 심한 펭귄 고기를 약으로 생각하고 억지로 먹었다. 또 해표를 잡아 고기는 먹고 기름은 연료로 사용하였다. 프레더릭 쿡은 어두운 겨울에는 사람들의 기분이 침울해지기 쉬우므로 분위기를 띄우려고 사람들에게 카드놀이를 권하였다.

이 탐험에 폴란드의 지질학자 아르토스키가 참가하여, 기온은 같아도 바람이 불면 더 춥게 느낀다는 이른바 '체감온도 표'를 만들었다. 또 노르웨이 사람인 아문센은 보수도 받지 않고 일하면서 처음으로 남극에 와서 남극에 관한 공부를 하였다. 한편 보통 사람들은 남극에서 겨울을 처음 보내면 고생이 심해서 정신병 증세를 보이는 사람도 생긴다. 실제로 당시 아문센은 귀국할 때에 정신 이상에 걸린 본국 사람을 데리고 샀다.

063

가장 오래된 남극 기지는 가장 북쪽에 있다?!

남극이 1819년 사람들에게 모습을 드러낸 이후, 남극에서는 19세기 말부터 탐험 활동이 활발하게 이루어졌다. 한 지역을 오래 탐험하려면 사람이 머물 만한 곳이 있어야 한다. 그런 곳이 은신처가 되고 기지가 되었다.

남극에 있는 기지 가운데 가장 오래된 곳은 서남극 남오크니 제도의 로리 섬에 있는, 아르헨티나의 오르카다스 기지이다. 이 기지는 원래 스코틀랜드 국립 남극 탐험대가 쓰던 오먼드 하우스였다.

윌리엄 브루스가 이끈 이 탐험대는 1902~1904년 탐험선 스코샤호를 타고 남오크니 제도부터 서남극 코츠랜드까지 가로질러 웨들 해를 탐험하였다. 1821년에 발견된 남오크니 제도는 1903년에 스코샤호가 오기 전에는

사람들이 상주하는 기지 가운데 가장 오래되고 가장 북쪽에 있는 아르헨티나 오르카다스 기지의 전신인 오먼드 하우스

찾아온 사람이 거의 없었으며 알려진 것도 없었다. 브루스의 탐험대는 코츠랜드 앞바다를 탐험하였으며, 식물과 지리와 해양에 관한 새로운 사실을 많이 발견하였다.

　브루스는 1905년 1월 오먼드 하우스를 아르헨티나에 넘겨주었다. 그 후 아르헨티나 정부는 오르카다스 기지로 이름을 바꾸었으며, 한 해도 빠뜨리지 않고 그 기지에 사람을 보내 상주시키고 있다. 처음에는 4~5명이 머무는 기지였으나 지금은 20명 가까이 있다. 아르헨티나 정부는 2005년 '남극에서 100년'이라는 기념우표를 발행하기도 하였다. 아르헨티나 사람은 그 전해인 1904년부터 그 기지에 머물렀다.

　아르헨티나의 오르카다스 기지는 남위 60도 45분, 서경 44도 43분에 자리잡고 있으며, 사람이 상주하는 남극의 기지 가운데 가장 북쪽에 있다.

064

위대한 남극 탐험가들 _아문센, 스콧, 섀클턴!

수백 번의 남극 탐험을 통해 수많은 탐험가가 남극을 다녀갔는데, 그중 가장 위대한 남극 탐험가는 누구일까? 관점에 따라 다를 수도 있겠지만, 세 사람을 빼놓고는 남극의 탐험사를 이야기할 수 없다고 생각한다. 바로 남극점을 정복한 로알 아문센과 로버트 스콧 그리고 집단 생존의 신화를 만든 어니스트 섀클턴 경이다.

인류 가운데 가장 먼저 남극점을 밟은 아문센1872~1928은 노르웨이 사람으로 두 번째 남극 방문에서 남극점에 도달하였다. 그는 앞에서 말한 대로 처음에는 벨기에 남극 탐험내의 일원으로 참가해서 남극에서 처음으로 겨울을 보냈으며, 1903~1906년 두 번째로 북극으로 가서 북서항로를 처음 개척하였다. 그때 이누이트 족들과 함께 생활하며 그들에게서 극지에서 살아가는 기술을 배웠다. 그중 하나가 개를 탐험에 활용한 것으로, 개의 장단점을 파악하여 남극 탐험에 적절하게 이용하였다. 남극 탐험 후반부에는 약한 개를 강한 개의 먹이로 쓰면서 계획했던 대로 1911년 12월 14일 인류 최초로 남극점에 도착하였다. 그는 남극점 정복 외에 다른 것에는 관심이 없었다. 북극점을 정복하겠다고 나섰다가 남극점으로 방향을 바꾸어 영국 신문의 공격을 받기도 하였다.

스콧1868~1912은 영국 해군 대령으로 첫 번째 남극 탐험에서 개의 장점을 알았으나, 두 번째 탐험에는 개 대신 만주산 말과 설상차를 가져갔다. 탐험 도중 말은 크레바스에 빠져 죽고 설상차는 고장이 나서 사람이 직접 짐을 끌면서 남극점 정복에 나섰다. 결국 아문센보다 한 달 사흘이 늦은 1912년 1월 17일 남극점에 도착하였다. 스콧 일행은 실망한 채 베이스 캠프로 돌아오다가 대원 가운데 한 사람은 크레바스에 빠져 죽었고, 동상을 심하게 입은 다른 대원 하나는 눈보라 속으로 사라져 버리는 불행을 겪었다. 남은 세 사람도 연료와 식량이 1톤이나 있는 '1톤 창고'에서 겨우 20킬로미터 정도 떨어진 곳까지는 왔지만, 눈보라를 피해 친 텐트 속에서 그만 죽고 말았다. 남극 연구에 관심이 깊었던 스콧은 마지막까지 17킬로그램이나 되는 식물 화석을 가지고 있었다.

아일랜드 출신인 섀클턴1874~1922 경은 민간인 자격으로 스콧의 1차 남극 탐험에 참가하였다가 괴혈병에 걸렸다. 질병에 굴하지 않고 그는 직접 자신의 남극 탐험대를 조직하였다. 자신만의 첫 번째 탐험에서 남극점에 거의 다 갔으나 성공하지 못하고 돌아왔다. 남극 대륙 종단을 계획한 세 번째 탐험에서는 탐험선이 1915년 1월 초 웨들해의 얼음에 갇혀 10개월 정도를 떠돌다가 결국 11월 21일 침몰하였다. 다행히 배가 침몰하기 1개

얼음에 갇힌 섀클턴 탐험대의 인듀어런스호

월 전에 해빙 위로 내려와 텐트를 치고 생존해 있다가 1916년 4월 14일 엘리펀트 섬에 상륙하였다. 그는 구조를 요청하려고 4월 24일 대원 5명과 함께 6미터 남짓의 돛단배로 1300킬로미터나 떨어진 사우스 조지아 섬으로 건너갔다. 그는 여러 번에 걸쳐 섬에 남아 있던 대원들을 모두 구조해 내서 20개월이 넘는 항해, 조난, 생존, 항해, 구조의 과정을 거쳐 남은 탐험대 29명 가운데 한 사람도 희생시키지 않고 귀환하였다. 그런 점에서 그는 가장 위대한 남극 탐험가로 평가된다.

065

기적 같은 단독 생존!

영국 출신의 오스트레일리아 사람인 더글러스 모슨 경은 1911~1913년 남극 조지5세랜드를 탐험하였다. 그는 1912년 11월 17일 동료 2명과 개썰매를 타고 조지5세랜드 탐험을 나서 500킬로미터가 넘는 거리를 달려 이동하였다.

1912.12.13 대원 가운데 니니스가 크레바스에 빠졌다. 몇 시간 동안 생존을 확인하려 이름을 불렀으나 대답이 없었다. 모슨은 남은 동료와 함께 갖고 있던 끈을 모두 이어서 크레바스로 내려 보았으나 중간에도 미치지 못하였다. 더더욱 불운했던 것은 니니스와 함께 사라진 썰매에는 대부분의 식품과 텐트가 실려 있었다는 사실이다. 구조를 포기하고 두 사람은 하는 수 없이 506킬로미터

떨어진 은신처로 돌아가기로 하였다.

1912:02:15 썰매를 끄는 개 가운데 약한 개 한 마리를 잡아 다른 개도 먹이고 그들도 먹었다. 힘줄밖에 없는 개고기를 말린 쇠고기와 섞어 끓여 먹었다. 나중에는 기름 한 점 없는 개의 발까지 꼭꼭 씹어 먹었다.

1913:01:08 은신처에서 160킬로미터쯤 떨어진 곳까지 함께 온 동료가 헛소리를 하며 괴로워하다 죽었다. 혼자 남은 모슨 경은 동료를 침낭에 넣어 얼음 속에 묻고 썰매 날로 십자가를 만들어 세웠다. 무게를 최대한 줄이려고 주머니칼로 썰매를 반으로 잘랐다. 모슨 경 혼자만의 사투가 시작되었다.

1913:01:11 날씨가 좋아서 일단 출발했으나 발이 아파 1.6킬로미터쯤 가서는 멈추었다. 발이 떨어져 나갈 듯이 아파서 칭칭 동여맸다. 한여름인데도 발 외에도 그의 몸은 성한 곳이 한 군데도 없었다. 머리카락은 빠지고, 손가락은 곪기 시작했으며, 발과 코끝은 동상에 걸렸다.

1913:01:17 크레바스에 빠졌으나 줄에 의지해 기적처럼 빠져나왔다. 극한의 상황에서도 살아남고자 하는 의지가 이룬 기적이라고 볼 수밖에 없다.

1913:02:01 천신만고 끝에 그는 은신처에 도착하였다.

1913:02:09 결국 그는 힘들었지만 두 날여 만에 혼자서 무사히 기지로 돌아왔다. 이렇게 모슨 경은 남극 탐험사에 조난당했다가 혼자서 살아 돌아온 위대한 단독 생존의 신화를 남겼다.

066
남극 대륙에 첫발을 디딘 여자는 남아메리카 원주민이다?!

공식으로 남극에 처음 상륙한 여자는 포경선 선장인 남편 클라리우스 미켈슨을 따라와 1935년 2월 20일 동남극 베스트폴스힐을 밟은 덴마크 태생의 캐롤린 부인이다. 그러나 엄밀히 말하면 그 여자가 상륙한 곳은 지금 오스트레일리아 데이비스 기지의 북쪽에 있는 트라인 제도 가운데 하나인 작은 섬이다.

남극 상륙을 대륙 상륙으로 한정하면, 1936~1937년 노르웨이 남극 탐험대로 와서 1937년 1월 30일 클라리우스 미켈슨 산맥, 곧 지금의 스컬린 모노리스를 밟은 잉그리드 크리스텐센, 잉에뵈르그 라클루, 솔베이그 위더로에, 아우구스타 소피 크리스텐센이다. 이들 가운데 누가 제일 먼저 상륙했는지는 확실하지 않다.

그러나 앞의 두 가지 사례는 문명 세계의 기준일 뿐, 이들보다 훨씬 앞서 남아메리카 인디오가 남극에 들어온 증거가 있다. 칠레 남극 연구소에서 남극물개를 연구하던 연구원이 1980년대에 리빙스턴 섬 해안에서 발견한 인간 두개골의 주인공이 바로 그 사람이다. 이 두개골은 100년 정도 된 20대 아시아계 여자의 두개골이라는 감정 결과가 나왔다. 아마도 이 두개골의 주인공은 마젤란 해협 부근에 살았던 원주민 여자로, 1860~1870년대에 남극물개잡이가 다시 잠깐 활발해지자 물개잡이를 따라 남극까지 왔다가 죽은 것으로 보인다. 비록 이름은 알 수 없지만 그 두개골의 주인공이야말로 남극에 최초로 발을 디딘 여자로 보아야 할 것이다.

남극에서 처음 겨울을 난 여자는 두 사람이었다?!

남극에서 겨울을 난 최초의 여자는 1947~1948년에 서남극 스토닝턴 섬에 있는 미국 기지 이스트 베이스에서 월동한 미국 로네 남극 연구 탐험대에 소속된 2명의 여자이다. 한 사람은 대장 핀 로네의 부인인 에디트 로네이고, 다른 한 사람은 선임 조종사 해리 달링턴의 부인인 제니 달링턴이었다.

에디트는 신문기자 출신이라 대장인 남편이 탐험대의 활동을 외부에 알리는 데 도움이 될 것이라 판단해 탐험대에 합류시킨 것으로 생각된다. 실제로 에디트는 자신들의 탐험 소식을 10편이 넘는 기사로 전하고, 탐험대 활동을 기록하였다.

대장 부인이 월동한다는 결정에 대원들의 염려와 불만의 소리가 높아지자, 대장은 탐험 시작 몇 주 전에 결혼한 조종사의 부인 제니도 월동시키기로 결정하였다. 제니는 개썰매를 다루고 트랙터를 운전하였으며, 도서실의 책을 관리하고 사진 현상하는 일을 하였다.

1993년 73세가 된 에디트 로네는 "나는 다른 사람들을 놀라게 하고 싶지 않았으며, 나도 할 일이 있었다."라고 그때를 회고하였다. 신혼이었던 제니는 주거 환경이 너무 열악해서 "우리와 19명의 대원 사이에는 종이처럼 얇은 벽이 있을 뿐으로, 때로는 남자 탈의실에서 사는 것 같았다."라고 회고하였다.

현재 미국의 남극 연구에는 매년 여름 500명이 넘는 여자 대원들이 참가하고 있으며, 적지 않은 수의 여자 대원들이 남자 대원들과 함께 겨울을 나고 있다.

068
1990년 국제 남극 종단 탐험은?

남극은 발견된 이래 크고 작은 탐험의 목표가 되어 탐험대의 발길이 끊이지 않는다. 탐험대는 남극의 바다나 땅을 탐험하였으며, 남극점을 두고 경쟁을 빌였다. 모든 탐험은 가장 짧은 길을 이용하여 남극점에 도착하였거나 남극을 종단하였다. 남극점을 두고 경쟁을 벌였던 아문센과 스콧의 탐험이 그러하였고, 1955~1958년에 남극을 종단한 영연방 남극종단탐험대도 그랬다.

그런데 프랑스, 미국, 영국, 러시아, 일본, 중국의 6개국 6명으로 구성되었던 1990년 국제 남극종단탐험대는 가장 긴 경로로 남극 대륙을 종단하였다. 이 탐험대는 1989년 7월 27일 개썰매로 남극반도의 끝에서 출발해 12월 11일 남극점에 도착하였으며, 남극에서도 가장 추운 보스토크 기지를 지나 1990년 3월 3일 러시아 미르니 기지에 도달하였다. 이 탐험대는 6400킬로미터의 거리를 장장 220일에 걸쳐 탐험하였다.

이들은 탐험 1년 전에 미리 여러 곳에 비축해 두었던 사람과 개

의 식량을 찾지 못하였다. 위
성항법장치GPS로 측정한 창고
의 위치를 지도에 표시해 놓고
식량 창고에는 깃발을 세워 찾
기 쉽게 만들어 두었으나, 눈
이 쌓여 덮이고 얼음이 흘러내
려서 끝내 창고 2곳은 찾지 못
하였다. 그러자 대원들 가운데
몇 사람은 문명 세계로 돌아갔

1990년 국제 남극종단탐험대 전원이 서명한 남극점 도
착 기념사진

다가 다시 합류하자는 의견도 나왔으나 계속 함께하기로 뜻을 모았
다. 끝까지 함께할 수 없어 남겨 둔 개 몇 마리는 경비행기가 싣고 나
왔다.

　이 탐험의 시작은 아이러니하게도 북극점이었다. 탐험대 공동대
장을 맡은 프랑스 의사 장 루이 에티엔과 미국의 윌 스테거가 1986
년 우연히 북극점에서 만났다. 두 사람은 각각 스키에티엔와 개썰매스
테거로 북극점에 도착하였다. 탐험에 자신이 있었던 두 사람은 의기
투합하여 과거 대부분의 탐험대가 걸었던 길이 아닌 새로운 길, 즉
가장 긴 경로로 남극을 탐험하기로 뜻을 맞추었다가 실행에 옮긴 것
이었다.

2 남극을 연구해

069

자연 조건이 가혹하고 거리가 멀어 20세기 중반까지도 남극은 거의 세상에 알려지지 않았다. 1882년과 1883년, 1932년과 1933년 '극지의 해'가 있었지만 알려진 것이 거의 없었다.

그러자 1950년에 "1957년과 1958년이 되면 태양의 활동이 왕성해져 흑점이 많아지는데, 그해에 맞추어 남극을 제대로 연구하자."는 의견이 나왔으며 그 뜻은 이루어졌다. 1957년 7월 1일부터 1958년 12월 31일까지 이어진 '국제지구물리의 해IGY'는 그렇게 탄생하였다.

'국제지구물리의 해' 동안에 아르헨티나, 오스트레일리아, 벨기에, 칠레, 프랑스, 영국, 일본, 뉴질랜드, 노르웨이, 남아프리카공화국, 미국, 소련지금의 러시아이 남극 대륙에 40개가 넘는 기지를 세웠으며, 남극과 아남극의 섬에도 20개의 기지를 지어 남극 대륙과 남극 일대의 땅과 하늘, 얼음, 공기를 관찰하고 조사하였다. 한편 하와이 섬에서도 대기 중의 이산화탄소를 관측하였다. 국제지구물리의 해를 보내면서 남극을 포함한 지구 전체의 지구 물리 관련 귀중한 자료를 많이 수집하였다. 그러나 우리나라는 6.25사변이 끝난 직후라 '국제지구물리의 해' 관측에 참여하지 못하였다.

그때는 냉전 시대여서 미국과 소련이 서로 힘겨루기를 할 때였으므로 각자 자국의 힘을 과시하느라 미국은 남위 90도 지점인 지리남극점지구의 자전축이 남반구 지면과 만나는 지점에, 소련은 지자기남극점지구 내부에 있다고 상상되는 막대자석이 남반구에서 지면과 만나는 지점과 도달불능극남극 대륙의 해안에서 가장 멀어 도달하기 가장 어려운 지점에 각각 기지를 지었다. 영국은 연방국과 연합하여 남극이 발견된 이래 웨들 해에서 남극점을 지나 로스 섬까지 남극 대륙을 처음으로 종단하였다.

세월이 흘러 2007년과 2008년은 '국제극지의 해IPY'로 정해졌다. 우리나라를 포함해 극지에 관심이 있는 여러 나라들이 공동으로 극지를 연구하고, 미래의 극지 연구를 논의하였다.

070

기지는 얼음 위에 짓는다?!

남극 대륙 안쪽에 있는 기지들은 얼음 위에 지어졌다. 남극점에 있는 미국의 아문센-스콧 기지, 러시아의 보스토크 기지, 영국의 핼리 기지, 프랑스와 이탈리아의 공동 기지인 콩코르디아 기지가 대표이다. 그러나 북쪽 섬과 해안에 있는 기지는 자갈밭이나 바위 위에 지어졌다. 남극의 거의 모든 지역이 두꺼운 얼음으로 덮여 있지만 해안에는 자갈이나 바위가 드러나기 때문이다. 우리나라 강가의 자갈처럼 둥글지는 않아도 바위와 돌이 깨지고 부스러져 쌓여 있거나 빙퇴석이 있는 지역이 있다. 이런 곳에는 집을 지을 만하다.

남극의 얼음 위에 지은 기지는 얼음이 움직이면서 건물이 뒤틀리므로 몇 년에 한 번씩 보수하거나 다시 지어야 한다. 그럼에도 얼음 위에 기지를 지으려면 특별한 기술이 필요하기 때문에 될 수 있으면 자갈이나 돌이 깔린 땅 위에 기지를 짓는다. 그런 땅이 전혀 없는 내륙에서는 하는 수 없이 얼음 위에 기지를 짓지만, 실제로는 얼음 위에 지은 기지보다 땅에 지은 기지가 더 많다.

071

남극의 건물은 모두 땅에서 띄워 짓는다?!

남극에 있는 건물은 대개 땅에서 1.5미터 정도 떠 있다. 차가운 땅바

땅에서 일정한 거리를 띄워 지은 남극점에 있는 미국 아문센-스콧 기지의 건물들

닥의 냉기가 건물로 스며들지 못하게 하기 위해서이다. 차가운 땅은 건물의 열을 빼앗아 가기도 하지만, 습기도 차고 물기도 스며들어 차가운 바닥과 직접 닿아 좋을 것이 없기 때문이다. 또 유난히 바람이 센 남극이므로 날리는 눈이 건물 아래로 지나가게 건물을 땅에서 띄우는 것이기도 하다. 건물을 땅바닥에 지으면 눈은 바람이 불어가는 쪽에 쌓이기 때문이다.

남극의 모든 건물을 땅에서 띄워 짓는 것은 아니고, 주로 사람이 살거나 활동하는 건물만 땅바닥에서 띄워 짓는다. 창고나 무거운 발전기가 있는 건물은 그냥 땅바닥에 짓는다. 세종기지도 숙소와 연구동 그리고 식당이나 휴게실, 사무실이 있는 생활동과 같이 사람들이 생활하는 건물은 땅에서 띄워 지었다.

이렇게 땅에서 떠 있는 건물을 고상식高床式 건물이라고 한다.

이런 건물은 계단이나 복도에 발소리가 크게 울리는 것이 흠이다. 그 소리를 줄일 수는 있지만, 그렇게 하려면 기둥이 많이 들어가야 하므로 건물 짓는 데 시간과 비용이 많이 든다.

남극에는 공항이 없다?!

남극을 탐험하거나 기지에서 연구나 탐사 활동을 하기 위해 사람들이 남극으로 가려면 비행기를 타게 된다. 그러나 남극에는 인천 국제공항처럼 훌륭한 시설을 갖춘 공항이 없다. 대신 비행기가 뜨고 내리는 데 어려움이 없는 공항이 여러 군데 있다. 예를 들면, 남극반도 끝의 동쪽 세이모어 섬에 있는 아르헨티나의 마람비오 기지, 킹조지 섬의 칠레 프레이 기지, 영국의 로데라 기지, 프랑스의 뒤몽 뒤르빌 기지, 미국의 맥머도 기지와 남극점의 아문센-스콧 기지 같은 곳에 그 정도 규모의 공항이 있다. 공항이라고 해서 특별한 시설이 있는 것은 아니다. 폭이 수십 미터에 길이가 1킬로미터 넘는 평탄한 자갈길이나 단단한 얼음길이 있을 뿐이다. 그 길가에 비행기를 유도하는 전등이 줄지어 서 있고 풍향을 나타내는 바람주머니wind sock가 있으며, 자그마한 관제탑도 있다. 물론 소방차를 비롯한 소화 시설도 갖추고 있다.

그나마 이런 공항도 없는 기지에서는 비행기가 '블루 아이스'라는 파란 얼음 위로 어렵지 않게 뜨고 내린다. 블루 아이스는 바람이 불어 눈이 잘 쌓이지 않는 평탄하고 단단한 얼음을 말한다. 따라서 남극에서는 새로운 곳으로 간다거나 기지를 지으려 할 때, 근처에 블루 아이스가 있는지 확인하는 일이 중요하다. 작은 비행기는 바다가 언 얼음 위에도 내린다. 이론으로는 10~20명 정도가 타는 크지 않은 비행기의 경우, 바다 얼음 두께가 30센티미터만 되어도 이착륙을 할 수 있다.

073

칠레 기지에는 학교와 은행이 있다?!

칠레는 남극에 육군, 해군, 공군 기지와 칠레남극연구소를 각각 운영한다. 세종기지가 있는 킹조지 섬에도 기지가 3개나 있다. 먼저 프레이 기지는 공군 기지인데 이곳의 공군은 비행기와 헬리콥터를 조종하고 관리한다. 그 기상 관측과 예보, 활주로 관리는 민간인 전문가들이 맡아 한다. 공군 장교나 민간인은 모두 가족을 데려올 수 있으며 2년을 근무하는 반면, 하사관은 가족을 동반할 수 없으나 근무는 1년만 한다. 가족들도 함께 와 있는 프레이 기지에는 병원과 유치원은 물론이고 우체국, 초등학교, 은행이 있으며 국제전화도

칠레 기지의 어린이들

된다. 중학교는 없으나 장교들에게 과학과 수학, 영어를 배운 뒤 본국에서 시험을 봐 합격하면 학력을 인정받는다.

칠레의 남극 연구소 에스쿠데로 기지에는 여름이면 연구원 외에도 컴퓨터 전문가, 통신 기술자, 잠수부처럼 그들을 돕는 사람들이 많이 들어와 있다. 그러나 겨울에는 남자 1명 또는 부부 연구원이 기지를 지킨다. 그래도 남극조약이 인정하는 기지로 등록되어 있다.

칠레 해군은 2007년 킹조지 섬에 해군 상주 기지를 지어 많은 인원은 아니지만 해군도 들어와 있다. 칠레는 남극 영토를 주장함으로써 국가의 권위를 세우려 하고 있다. 물론 그들은 주변에 위급한 일이 생기면 구조 활동을 하기도 한다.

074

남극에 있는 월동 기지는?

2011년 현재 남극에는 우리나라의 세종기지를 포함하여 20개국의 40개 상주 기지가 있다. 또 별도로 월동 기지를 운영하는데 현재 러시아와 아르헨티나와 칠레가 각각 5개, 미국과 오스트레일리아는 3개, 중국은 2개가 있다. 그 외 대부분의 나라는 상주 기지만 한 곳씩 있다. 이탈리아는 자국의 상주 기지는 없지만 프랑스와 공동으로 상주 기지를 운영한다. 반면 프랑스는 상주 기지도 가지고 있다.

기지의 대부분이 남극반도와 그 서쪽 섬에 있어서 남극에서는 그나마 사람들이 접근하기 쉬운 곳임을 알 수 있다. 반면 서남극 마리버드랜드에는 상주 기지가 없다. 하나 있던 러시아 기지가 1990년 문을 닫은 뒤로는 2007~2008년부터 여름에만 사람이 찾아온다. 그 만큼 그곳은 사람들이 가기가 쉽지 않다는 뜻이다.

기지 가운데 가장 큰 것은 로스 섬에 있는 미국 맥머도 기지이 다. 여름에는 1300명, 겨울에는 250~300명 정도가 머물며, 세탁소, 교회, 소방서 같은 시설들이 있어서 웬만한 시골 마을 정도의 규모 이다. 남극점에 있는 미국 아문센-스콧 기지에는 여름에는 300명, 겨울에는 50명 정도가 머문다. 높이가 2835미터인 이 기지의 평균 기온은 섭씨 영하 49.4도이며, 낮을 때에는 섭씨 영하 80.6도까지 내 려가기도 한다.

남극에 기지가 47개나 된다는 이야기도 있다. 이는 칠레가 킹조 지 섬에 3번째, 남극 전체로는 5번째 상주 기지를 짓기 전에 남극에 있던 39개에, 남극의 북쪽인 아남극에 있는 8개의 기지 수를 합한 것 이다. 남극에서 연구를 진행하는 나라들이 기지를 새로 짓거나 문을 닫는 일이 있어서 기지의 수는 자주 바뀐다. 예를 들어 우리나라도 2014년까지 장보고기지를 완공할 계획이며, 벨기에와 중국도 새로 기지를 지을 예정이다.

075

남극에서는 주황색 옷만 입고 주황색 건물만 짓는다?!

조난당한 사람이 있어서 헬리콥터를 타고 찾아 나서야 할 때에 제일

세종기지의 모습(왼쪽)과 루스카야 기지를 방문한 저자(오른쪽)의 옷이 모두 주황색이다.

먼저 묻는 것이 조난자들의 옷이나 타고 나가 이동 수단의 색깔이다. 항상 위험에 노출되어 있는 극지에서 옷의 색깔은 그만큼 중요하다. 만일 극지에서 검은색이나 파란색 옷을 입고 나갔다가 조난을 당했다면 구조대원들에게 어떻게 보일까? 헬리콥터에서 내려다보면 쓰러져 누운 사람이 바위나 해표로 여겨질 것이다. 그렇게 되면 구조에 나선 조종사는 그들을 지나치기 쉽다.

그래서 극지에서는 눈에 잘 띄어 일종의 비상색이라 할 수 있는 주황색을 많이 이용한다. 사람들은 주황색이나 붉은색 계열의 옷을 많이 입는다. 옷뿐만 아니라 극지로 사람과 물자를 나르는 배나 비행기는 물론이고, 기지도 주황색으로 칠한 곳이 많다. 기지의 건물도, 구명복도, 고무보트도 온통 주황색이다.

그런데 붉은색은 동물을 자극한다고 한다. 펭귄 군서지처럼 동물들이 많이 모여 있는 곳에 갈 때에는 붉은색 계열의 옷이나 모자, 배낭을 쓰지 않는 것이 동물에 대한 최소한의 배려가 될 것이다. 동물에게는 푸른색이나 검은색 옷이 무난하다고 한다. 물론 동물과 친해지면 옷의 색깔은 그다지 중요하지 않을 것이다.

076
남극은 과학자만 갈 수 있다?!

과학자만이 남극에 갈 수 있는 것은 아니다. 구경하러 가는 사람들도 있으며, 남극에서 할 일이 있고 일할 능력이 있으면 누구나 갈 수 있다. 각국의 과학 기지에는 연구하는 과학자 외에 이들이 연구를 잘할 수 있도록 기지를 운영하고 손보는 기술자도 함께 지내고 있다.

남극을 찾은 관광객은 2008~2009년에만 4만 6000명이나 되었다. 남극을 찾는 대부분의 관광객은 호화 유람선에서 먹고 자며 관광을 즐긴다. 남극반도 일대를 둘러보는 유람선은 남아메리카에서 출발하고, 남극 대륙의 태평양 쪽을 보려는 사람은 뉴질랜드에서 떠난다. 남아메리카에서 떠나는 관광객은 아르헨티나의 우슈아이아나 칠레의 푼타아레나스에서 배를 탄다. 비글 해협에 있는 우슈아이아에서 드레이크 해협을 건너 세종기지가 있는 킹조지 섬까지 가는 데 50시간 정도 걸린다. 마젤란 해협에 있는 푼타아레나스에서는 70시간 정도 항해해야 킹조지 섬에 닿는다. 관광객들은 여행사의 일정에 따라 디셉션 섬-오를레앙 해협-제를라슈 해협-파라다이스 만-미국 파머 기지를 둘러보며 남극 탐험의 흔적과 기지들, 아름다운 경관을 구경한다. 관광 요금은 시기와 일정, 등급에 따라 크게 다르지만 1만 달러가 넘는 것으로 알려져 있다. 물론 자기네 나라에서 유람선 출발지까지 오가는 경비는 포함하지 않은 것이다.

최근 칠레 여행사에서는 푼타아레나스에서 킹조지 섬까지 비행기로 2시간 만에 가는 상품을 내놓았다. 비행기로 드레이크 해협을 건너가 배로 남극을 구경한 뒤 다시 비행기로 되돌아온다. 그러나 비행기의 이착륙은 날씨에 크게 영향을 받으므로 계획대로 되지 않는 경우가 많다고 한다.

남극에서 가장 높은 빈슨 산괴가 있는 패트리어트힐 부근에는 등반가들올 태운 비행기가 자주 들어온다. 또 푼타아레나스에서 패트리어트힐을 거쳐 남극점까지 갔다 오는 신혼여행 상품도 있다. 남위 89도까지 비행기로 간 다음에 남극점까지 111킬로미터 정도는 스키로 가는 관광 상품도 있다.

남극점에 있는 미국 기지는 관광객이 찾아오는 것을 반기지 않아서, 여행사가 만든 별도의 작은 캠프가 있다. 극지만 전문으로 운항하는 운송 회사도 있고 전문 안내인들도 있어서 남극 관광은 활기를 띠고 있다.

1991년 여름에 러시아 기지를 찾아온 독일 관광객 부부

남극을 찾아온 관광선들

3 남극의 주인은

ㅁㄱㄱ

우리 국민이 태어났으니 우리 땅?!

영국을 포함하여 7개국이 남극의 영유권을 주장하고 있다. 발견, 탐험, 연구, 자국과 연결, 역사상 승계와 같이 영유권을 주장하는 이유는 여러 가지이다. 영유권을 주장하면서 그 권리를 보강하는 방법들도 놀랍다. 그 가운데 하나가 자국민을 이주시키는 것이다. 집을 짓고 자국민을 살게 하는 것도 모자라 그곳에서 자국민이 태어나게 한다.

아르헨티나는 남극반도의 끝에 있는 에스페란사 기지에 1978년부터 1979년까지 가족이 살 수 있도록 개인 주택을 지었다. 1977년

가족이 살 수 있도록 집을 지은 후 1978년 1월 남극에서 처음으로 아기가 태어난 아르헨티나의 에스페란사 기지

11월에는 육군 기지인 그곳으로 임신 7개월인 팔마 부인을 비행기로 태워 와서 다음 해 1월 7일 남자아이에밀리오 마르코스 팔마가 태어났다. 남극반도의 끝 동쪽에 있는 세이무어 섬에 있는 마람비오 공군 기지에도 가족이 살 수 있는 마을이 있다. 아르헨티나 기지에서는 1983년 5월까지 8명의 아기가 태어났다. 남자아이 5명, 여자아이 3명이다. 그 이후에도 계속 태어났을 것이다. 아르헨티나 정부는 공식으로 "남극이 가족이 생활하는 데에도 적당한지를 연구한다."고 말한다. 이외에도 이곳에서 결혼을 하고, 대통령과 추기경이 찾아오고, 국무회의를 열기도 하는 등 다양한 방법이 동원되고 있다.

칠레도 1984년 4월 킹조지 섬에 마을을 지은 다음 가족을 살게 하면서 아기들이 태어났다. 또 아르헨티나와 비슷한 일들도 벌이고 있어서, 안데스 산맥을 사이에 두고 남아메리카의 동서쪽을 각각 차지하고 있는 두 나라가 남극에서도 경쟁을 하고 있다.

남극은 주인이 없다?!

19세기가 되어서야 세상에 모습을 드러낸 남극은 발견된 이후에도 찾아오는 사람이 많지 않았다. 그 와중에도 남극이 발견되자마자 남극물개를 잡겠다고 물개잡이들이 몰려들었다. 결국 지나치게 잡아들이는 바람에 남극물개가 급격히 줄어들자, 이번에는 고래잡이들이 들이닥쳤다. 북반구 바다에는 고래가 멸종위기에 놓여 있었기 때문이다. 그 다음에는 코끼리해표의 기름을 짜겠다고 해표잡이들이 나타났다. 그러는 사이에 많지 않은 수의 탐험가들이 간혹 남극 탐험에 나섰다.

20세기 중반이 되어서야 남극을 제대로 연구하기 시작하면서 인류의 발길이 잦아지기 시작하였다. 그래도 여전히 남극은 문명 세계에서 거리가 멀고 자연환경이 지극히 가혹하여 보통사람들은 찾아갈 수 없는 곳이라는 생각이 대세였다. 또 원주민이 없어 남극에는 주인이 없다고 생각하였다. 과연 남극에 주인이 없을까?

주인은 없지만 19세기 초부터 남극을 발견하고 탐험하며 연구해 남극에 관심을 보이는 나라는 여럿이다. 그런 나라들이 힘을 모아서 1984년 말레이시아가 "남극은 인류 공동의 유산이므로 유엔에서 직접 관장하자."고 제안한 것을 부결시키고 인도, 중국, 브라질과 같은 제3세계 강국들을 남극조약의 틀 안으로 끌어들였다. 그 나라들은 곧 남극에 기지를 짓고 남극을 연구하기 시작하였다. 그리고 실제로 남극을 연구하는 나라들끼리 '남극조약 협의당사국ATCP'을 구성하고, 남극에 관한 중요한 문제들을 의논하고 결정한다. 이는 남극조약 협의당사국들이 남극을 공동으로 관리하겠다는 의지이자 실천인 셈이다. 남극이 인류 공동의 유산이 아닌 것은 한반도가 인류 공동의 유산이 아닌 것과 맥을 같이 한다.

세종기지의 터는 우리 땅이다?!

남극에 관한 중요한 사항들은 이미 1961년 6월에 발효된 남극조약에 명시되어 있으며, 명시되지 않은 주요 사항들은 남극조약 협의당사국이 모여 의논해서 만장일치로 결정한 뒤에 집행한다. 그만큼 남극과 남극조약에 가입한 국가들 사이에서는 남극조약이 중요하고, 남극조약 협의당사국은 힘이 있다고 볼 수 있다.

예를 들면, 남극조약에서 남극의 영유권을 주장하는, 영국을 포함한 7개국의 권리를 인정도 부정도 하지 않은 채 단서 조항만을 붙여 엉거주춤하게 남겨 두었다. 단서 조항이란 남극조약이 발효된 이후로는 남극을 연구한다는 이유로 남극에 대한 새로운 영유권을 주

2009년 세종기지의 야경이며, 가운데 보이는 산봉우리가 세종봉이다.

장하지 못하도록 막은 것이다. 바로 우리가 남극에 세종기지를 지었다고 해서 그 터를 우리 땅이라고 주장할 수 없는 이유이다.

우리나라는 남극조약에 가입하였으므로 조약을 성실히 지켜야 한다. 물론 다른 나라가 세종기지 부근에 기지를 지으려면 우리의 뜻을 물어야 한다. 이는 남극조약이나 영유권의 문제에 앞서는, 개인이나 국제사회의 상식이고 예의이기 때문이다.

우리나라 소유의 땅은 아니지만 세종기지는 우리의 기지이므로, 외국에 있는 우리나라의 대사관처럼 기지에서는 우리나라 법을 적용한다. 그런 점에서 세종기지를 '남극에 있는 작은 대한민국'이라 볼 수 있다.

4 남극 환경 보호는

메모

남극에서는 담뱃재도 털어서는 안 된다?!

남극에는 쓰레기를 버릴 수 없으므로 모든 쓰레기를 남극 밖으로 가져가도록 되어 있다. 그래서 쓰레기를 치우는 방법이 엄격하게 정해져 있다.

우리나라처럼 온대 지방에 있는 나라들은 흔히 쓰레기를 땅에 묻어서 처리하는데, 남극에서는 그 어떤 쓰레기도 버리거나 땅에 묻어서는 안 된다. 바람이 센 곳이니 쓰레기가 날려서 식물이나 동물에게 해를 끼칠 수 있으니까 쓰레기를 버리면 안 되는 것은 이해하

세종 기지를 지을 때에 묻은 쓰레기가 기지 주변에 드러나 있다.

겠는데, 땅에 묻는 것도 안 되는 것은 왜 그럴까? 온대 지방과 달리 기온이 낮은 남극에서는 땅에 묻은 쓰레기가 썩지 않을뿐더러, 시간이 흐르면 천천히 솟아올라 다시 땅 위로 드러나기 때문이다.

땅에 묻힌 쓰레기가 어떻게 다시 땅 위로 솟아오를까? 땅이 얼면 묻힌 쓰레기는 서릿발이 생기면서 부피가 늘어나 약간 올라온다. 반대로 땅이 녹으면 다시 가라앉지만, 원래의 위치로 되돌아가지는 못한다. 예를 들어 5밀리미터 올라왔다가 4.9밀리미터 내려가는 식이다. 그런 과정이 되풀이되면서 묻힌 쓰레기는 시간이 지남에 따라 계속해서 조금씩 위로 솟아오른다.

우리는 세종기지를 지으면서 생긴 쓰레기를 기존의 상식대로 땅에 묻었다. 그런데 겨우 3년 만인 1991년부터 고철, 철사, 전선, 장화, 담요 같은 쓰레기가 눈에 띄기 시작하였다. 놀란 월동대원들과 여름에는 칠레 인부들이 파냈음에도 아직 여기저기에서 모습을 드러낸다. 기지에서 창고가 있는 곳으로 가다 보면 길 오른쪽에 시뻘겋게 녹슨 철사들이 보인다. 쓰레기를 묻을 때에 훗날 그것이 솟아오르리라고는 아무도 생각하지 못하였다. 우리나라와는 달리 땅이 얼고 녹기를 되풀이하는 남극의 환경을 이해하지 못한 결과였다.

눈에 보이지 않는다고 해서 담뱃재를 함부로 털어서도 안 된다. 담배를 피우는 것은 막지 않지만 재도 쓰레기이므로 절대로 버리면 안 되기 때문이다. 담뱃재도 따로 모아 남극 밖으로 가져가야 한다. 실제로 남극에서 만난 외국 학자들이 자신이 피운 담뱃재를 필름 통에 모으는 것을 본 적이 있다.

남극에서 원자력을 쓸 수 있다?!

남극에서는 군사 훈련을 해서도 안 되고, 핵실험을 포함하여 무기 실험을 해서도 안 된다. 핵폐기물도 쓰레기이므로 남극에 버려서는 물론 안 된다. 반면 원자력을 쓰지 말라는 규정은 없다. 그럼에도 남극에서 원자력을 사용하다가 시설을 제거한 적이 있다.

미국은 1961~1962년 민나 반도에 열핵 자동기상관측장비를 설치했다가 1972년 폐쇄하였다. 민나 반도는 남위 78도, 동경 166도에 있는 길이 40킬로미터, 폭 5킬로미터의 좁고 긴 반도이다. 열핵은 핵융합 반응으로 열을 얻는 장치이다. 1973~1974년에는 맥머도 기지에 1960년대에 건설했던 원자력 발전기를 해체하면서 우라늄 핵심부분을 제거하였다. 1976~1977년에는 맥머도 기지의 원자력 발전기를 설치했던 곳의 핵폐기물, 오염된 흙과 돌 6000세제곱미터를 제거하였다. 1980~1981년에는 기상과 오로라의 연구에 7개의 원자력 열원을 이용하였으며, 같은 원리의 작은 발전기도 7개를 사용하기도 하였다.

원자력 쇄빙선이 남극에 들어가도 불법은 아니다. 그래서 1966년에는 러시아의 원자력 잠수함이 지구 일주 훈련의 일환으로 혼 곶을 돌아 남극권의 남쪽을 항해하였다. 그 잠수함들은 북쪽으로 넘어가 북극권도 항해하였다.

□8근

오존 구멍을 본 적이 있다?!

지구의 생물은 눈에 보이지는 않지만, 여러 겹의 보호 장치 속에서 살아간다. 이 보호 장치가 없다면 지상에 살아남을 생명체는 거의 없다고 보아야 한다. 그 보호 장치 가운데 하나가 오존층이다.

대기 중의 오존은 사람에게 해로워서 큰 도시에서는 오존 경보를 발령하기도 한다. 그러나 지상 20~25킬로미터 상공에 있는 오존층은 이야기가 달라진다. 사람들에게 고마운 오존이다. 바로 이 오존층이 태양빛에 있는 해로운 자외선을 막아 주기 때문이다. 자외선에는 몇 종류가 있는데, 그중 파장이 짧은 자외선-B는 생물에게 해로운 영향을 끼친다. 만약 오존층이 얇아져 유해한 자외선이 지상에 많이 도달하면 물속이나 땅에서 사는 식물들은 잘 성장하지 못하고, 사람도 예를 들어 눈동자에 백내장이 생긴다거나 얼굴의 점이 피부암으로 발전할 수도 있어 건강에 좋지 않은 영향을 끼친다. 바로 이 자외선-B를 산소 원자 3개로 된 오존(O_3)이 모인 오존층이 막아 주고 있다.

오존층의 변화를 관찰하기 위해 남반구의 봄이 시작되는 9~11월 남극과 남아메리카, 뉴질랜드와 오스트레일리아의 여러 곳에서 측성한 오존값을 표시한다. 이때 남극 대륙을 중심으로 오존값이 낮은 곳이 둥글게 보이는데, 그 모양이 마치 둥근 구멍처럼 보여 '오존 구멍'이라는 말이 생겼다. 오존 구멍은 하늘을 쳐다본다고 보이는 것이 아니라, 오존의 분포도를 보아야 보인다.

오존층이 깨진다는 사실을 1984년 영국 과학자들이 밝혀냈다. 그 전에 일본 과학자들도 남극 기지에서 오존층이 깨진다는 사실은 알아냈지만 그것을 해석하지는 못하였다. 그래서 오존 구멍을 발견하고 해석하는 영광은 영국 과학자들에게 돌아갔다. 이런 것을 보면 과학의 세계도 보이지 않는 경쟁이 치열하다.

083

남극에는 개와 온실이 없다?!

사람의 가장 오래된 동물 친구인 개는 사람이 가는 곳이면 늘 함께 해 왔다. 남극에 기지를 짓고 들어오면서 개를 데려오는 것은 하나도 이상한 일이 아니었다. 본국에서 손님이라도 오면 개썰매에 태워 눈 위를 달리는 즐거움을 주면서 남극을 안내하곤 하였다. 영국 기지를 포함한 몇몇 나라의 기지에서는 적으면 한두 마리에서 많으면 열 마리 이상까지 길렀다.

1991년 남극을 연구하는 나라들은 남극조약 발효 30주년을 맞이해 '환경 보호를 위한 남극조약 의정서'를 체결하였다. 이 의정서에 따라 남극에 살던 개들을 다 남극 밖으로 내보냈다. 사람과 친하지만 생물체이므로 개의 몸에는 여러 종류의 미생물이 살고 있는데, 이 미생물들은 완전히 없애기가 힘들기 때문이다. 또 기르던 개가 줄을 끊고 달아나기라도 하면 펭귄 같은 새나 물개 새끼에게는 무서운 천적이 된다. 평소 개를 잘 묶어 둔다고는 하지만 사고는 언제나 일어날 수 있다. 그래서 개썰매를 타고 달리는 낭만을 포기하고 개뿐만 아니라 고양이, 햄스터, 앵무새 같은 애완동물을 모두 남극 밖으로 떠나보냈다.

식물을 흙에서 키우는 온실도 폐쇄하였다. 사람이 고립되어 살 때에는 나무나 풀 같은 것을 키우는 것이 정서나 감정 순화에 도움이 된다. 하지만 흙을 들여올 때 미생물이 딸려 올 수 있으므로 이를

폴란드 기지의 지금은 없어진 온실에서
토마토가 붉게 익어 가고 있다.

우려하여 흙의 반입을 금지하면서 온실도 폐쇄하였다. 하지만 흙이 필요 없는 수경 재배는 가능하다. 실제로 남극에서 이루어지는 수경 재배의 규모는 생각보다 크다. 미국 맥머도 기지를 포함한 웬만한 기지에서는 수경재배로 채소를 공급한다.

흙을 사용하는 온실을 모두 폐쇄하기 전, 킹조지 섬에 있는 폴란드 기지에는 크고 좋은 온실이 있었다. 오이와 토마토를 재배하고 꽃들도 키웠다. 폴란드 기지 대장은 1988년 9월 18일 칠레 독립 178주년 기념일에 칠레 기지의 대장 부인에게 온실에서 키운 꽃을 선물하기도 하였다. 그러나 남극의 환경 보호에 관한 의정서가 체결되고 나서 온실 문을 닫았다.

084

지구가 더워지면 남극도 더워진다?!

지구가 더워지면 남극은 어떻게 될까? 남극도 더워지는 현상이 나타나는데, 그 정도는 지역에 따라 다르다. 가장 온도 변화가 두드러지는 곳은 남극반도와 남극반도의 뿌리이다. 즉 남극반도와 남극 대륙을 잇는 지역의 서쪽으로, 마리버드랜드의 동쪽 지역을 말한다.

2002년 3월 깨져서 떨어져 나가는 라르센 빙붕

남극이 더워지면 어떤 현상이 나타날까? 먼저 기온이 올라간다. 예를 들면, 남극반도의 서쪽은 1950년 이후 평균 섭씨 2도 올라갔으며, 겨울의 기온은 좀 더 높아져 섭씨 6도가 올라갔다. 부근의 바닷물 표층 300미터의 수온도 지난 10년 동안 섭씨 0.6도가 올라갔다.

두 번째는 바다를 차지하고 있던 빙붕들이 깨어져 없어지고 빙하가 뒤로 물러난다. 예를 들면, 2002년 3월에는 유명한 라르센 빙붕이 깨졌다. 또 남극반도에 붙어 있던 크고 작은 빙하들도 작아지고 물러났다.

세 번째는 생태계가 변한다. 예를 들면, 남극반도 서쪽 앙베르 섬에 있는 미국 파머 기지에서 1975년 이후 30년 동안 펭귄을 조사한 결과를 보면, 아델리펭귄은 사라질 위기에 놓여 있고 젠투펭귄은 반대로 그 수가 늘었다. 아델리펭귄은 겨울 해빙 위에 사는데 기온이 올라 해빙이 없어지면서 수가 크게 줄었고, 해빙의 영향을 받지 않는 젠투펭귄은 1993년부터 파머 기지 부근에 살기 시작해서 2003년에는 그 수가 46배로 늘어났다.

지구가 더워져서 기온이 올라가면 수온도 올라가고 땅과 얼음도 녹는다. 공기와 해류, 얼음의 움직임도 달라지고 그에 따라 생물도 반응한다. 이런 현상이 복합되어 천천히 또는 빠르게 변화가 나타난다. 위에서 설명한 것처럼 당장 눈에 보이는 변화도 있지만 두드러지지 않은 영향도 많을 것이다.

085

남극은 그대로 두어야 한다?!

환경 보호를 강력하게 주장하는 국제 환경 단체인 그린피스는 남극을 '세계의 공원'으로 만들어 보호하자고 제안하였다. 그 속뜻은 '과학이든 연구이든 아무것도 하지 말고 남극을 자연 그대로 두자.'는 의미가 강하게 내포되어 있다. 자칫 잘못하면 남극을 망가뜨릴 수 있으므로 그대로 내버려 두자는 말도 일리가 있어 보인다.

실제로 1989년 1월 남극 물자 운반선 바이아 파라이소호가 남극에서 좌초되어 가라앉으면서 기름이 흘러나와 부근의 새들이 죽는 일이 벌어졌다. 후에 배에 남아 있던 기름을 잠수부들이 제거하기는 하였지만, 배들이 운항하는 한 사고가 일어날 가능성은 늘 있다. 같은 해 3월에는 북극 알라스카에서 유조선 엑손 발데스호가 원유 4만 톤을 흘려 2000킬로미터의 북극 해안을 오염시켰다. 이런 사고가 날 때에는 정말 사람들이 극지로 가지 않는 것이 극지를 보호하는 가장 좋은 방법인 듯하다.

그러나 인간에게는 모르는 것을 알려고 하는 본능이 있다. 인류의 그러한 본능이 학문과 문명을 지금과 같이 발달하게 하였다. 남극도 마찬가지이다. 남극을 보호한다는 이유로 남극을 그대로 두는 것은 바람직하지 않다. 그보다는 남극의 자연과 문명 세계가 남극에 끼친 영향을 알아야 한다. 그런 것이 연구이고, 남극을 진정 사랑하고 인류를 사랑하는 방법이다.

그린피스는 남극을 깨끗하게 보호하자는 주장에 걸맞게, 남극에서 떠날 때에 미국 맥머도 기지 부근에 있던 그들의 기지를 깨끗이 치웠다. 그런 행동은 바람직하다. 그린피스는 잘 알다시피 정부 기관이 아니므로, 그들의 주장에 어떤 힘이 있는 것은 아니다. 그러나 그들의 주장은 많은 사람에게 영향력이 있으며, 상당수의 사람들은 그들의 주장이 옳다고 믿는다.

3부 우리나라는 남극에서

우리나라 사람 가운데 누가 남극에 가장 먼저 갔을까? 남극 세종기지는 어떻게
을까? 세종기지가 있는 곳은 어떤 곳일까? 2014년까지 남극 대륙에 장보고기지
는다는데, 앞으로 우리나라의 남극 연구는 어떻게 진행될까?

1 남극 연구 30년을 넘어

ㅁ86

가장 먼저 남극에 간 우리나라 사람은?

지금은 세상을 떠난 전 한국과학기술연구소KIST 부설 해양개발연구소 소장이자 뒤에 동의대학교 총장을 지낸 이병돈 박사이다. 이 박사는 미국 텍사스 A&M 대학교에 유학할 때인 1963년 3월 아르헨티나 해군 카피탄 카네파호를 타고 박사 학위 논문 재료를 채집하러 남극으로 갔다. 그는 3월 6일 남극반도 끝에 있는 아르헨티나의 에스페란사 기지에 첫발을 디뎠으며, 같은 해 9월과 1964년 7월에도 남극으로 갔다. 이 박사의 남극 상륙 내용은 중앙일보 1966년 5월 21

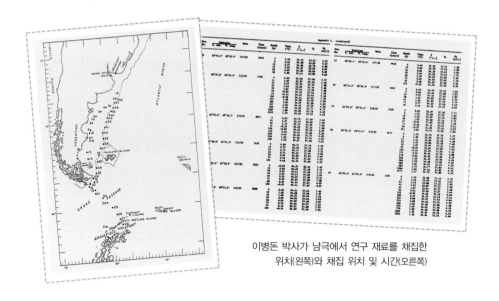

이병돈 박사가 남극에서 연구 재료를 채집한
위치(왼쪽)와 채집 위치 및 시간(오른쪽)

일자에 소개되었다.

이병돈 박사의 박사 학위 논문 내용으로 미루어 보면, 이 박사는 1963년 3월 2일 오후 늦게 재료 20번남위 58도 52.6분, 서경 62도 44.0분을 채집한 다음, 3일에 남위 60도를 넘은 것으로 보인다. 재료 21번남위 62도 35.8분, 서경 62도 19.2분은 5일 새벽에 채집했기 때문이다. 6일 오전에는 일찍 재료 24번남위 63도 27.2분, 서경 60도 31.8분을 채집한 뒤 기지로 올라갔다 온 듯하다. 다른 날에는 보통 하루에 2~3곳에서 채집했는데 6일에는 한 곳에서만 채집했고, 그것도 오전 일찍 채집했기 때문이다. 지금도 그렇지만 남극으로 오는 모든 배는 사람과 물자를 운반하며, 그 배에 탄 사람들은 누구나 남극 땅을 밟고 싶어 한다. 그 배의 함장도 마찬가지였을 것이고, 그 덕분에 이 박사는 1963년 3월 3일 남극에 들어갔으며 6일에는 남극 본토에 상륙한 것으로 여겨진다.

이 박사는 1985년 11~12월에 한국남극관측탐험대로 남극에 다녀온 저자의 어깨를 두드리며 "수고했네. 나도 에스페란사 기지에 상륙했었지."라고 그때를 추억했었다. 참고로 그때 이 박사가 소장으로 있던 한국과학기술연구소 부설 해양연구소는, 그 전에는 해양개발연구소, 선박해양개발연구소, 그 후에는 해양연구소를 거쳐 한국해양연구소로 독립한 뒤 오늘날 한국해양연구원이 되었다.

우리나라 여자로는 현재 한국해양연구원 부설 극지연구소의 선임 연구부장인 안인영 박사가 연구 재료를 채집하려고 1991년 12월 28일 남극 세종기지에 발을 디딘 것이 첫 기록이다.

남극 연구의 시작은 크릴 조업이었다!

우리나라가 남극에 관심을 갖고 눈을 돌린 것은 1978년 무렵이었다. 당시 박정희 대통령이 남극에 관심을 가지면서 활발하게 남극 진출을 꾀하였다. 남극 개발의 첫 단계인 남극조약에 가입하기 전이었지만, 남극을 알기 위해 남빙양의 크릴을 시험 조업하기로 결정하고 그 비용의 일부를 수산청이 부담하고 나섰다.

허종수 수산연구관을 단장으로 임기봉, 서상박, 방극순, 조태현 연구원으로 구성된 첫 번째 조사단은 남북호^{선장 이우기}를 타고 1978년 12월 7일 출어하였다가 3개월 만에 돌아왔다. 남북호는 17일 동안 윌크스랜드와 엔더비랜드의 앞바다에서 크릴 510톤을 잡았다. 그 동안 연구원들은 남위 40도부터 어획 지역의 기온, 기압, 수온, 염분 같은 해양 특성을 조사하는 한편으로 크릴의 길이, 무게, 성비 사이의 관계를 연구하고, 식물플랑크톤의 종류와 분포도 조사하였다. 또 크릴의 크기에 따른 육질과 갑각 부분, 포란 여부, 크릴 젓갈과 같은 크릴의 가공 방법도 연구하였다.

1979년 펴낸 「1차 크릴 조사 보고서」는 137쪽의 두껍지 않고 인쇄도 깨끗하지 않을뿐더러 종이 질도 좋지 않은 평범한 보고서였으나, 남북호와 조업하는 모습을 컬러 사진으로 처리하는 성의를 보였다. 한자가 반이 넘는 이 보고서를 읽고 있노라면 처음 남극에 진출한 사람들의 어려움까지 느껴지는 듯하다. 이후 남극 연구는 계속되어 30년 이상 역사를 이어오고 있다.

조업 비용을 부담하는 방식은 바뀌었지만, 크릴 조업은 그 후에도 계속되었다. 최근에는 크릴 말고도 파타고니아 이빨고기를 비롯하여 남극빙어를 잡는다. 우리나라에서는 흔히 '메로' 라고 부르는 파타고니아 이빨고기는 크면 길이가 2미터에 가깝고 무게도 150킬로그램에 이른다. 이 물고기의 하얀 살은 기름기가 많기는 해도 맛이 있어서 외국에서 비싸게 팔린다. 2008/2009년에는 13개국이 남빙양에서 잡은 크릴과 물고기를 합한 전체 어획량 14만 6259톤 가운데 우리나라가 30퍼센트 정도를 차지해 가장 많이 잡은 나라가 되었다.

2 세종기지에서는

088

세종기지는 어디에 있는가?

우리나라의 최초 남극 기지인 세종기지는 서남극 남셰틀랜드 제도
에서 가장 큰 킹조지 섬에 있다. 남아메리카의 끝인 케이프혼에서
남쪽으로 내려가면, 가오리를 닮은 남극 대륙에서 꼬리에 해당하는
S자의 남극반도를 만난다. 남극반도의 끝에서 북서쪽, 곧 왼쪽 위로
작은 섬들이 남극반도와 평행하게 늘어서 있다. 이 섬들이 바로 남
셰틀랜드 군도이며, 우리나라 제주도의 3분의 2 크기인 작은 킹조지
섬은 이 군도의 가운데에 있다.

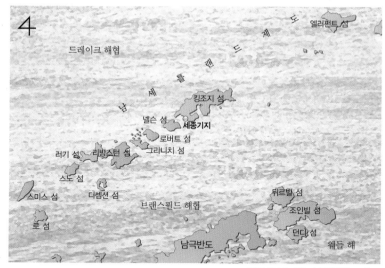

세종기지가 있는 남셰틀랜드 제도

킹조지 섬

하늘에서 내려다본 세종기지와 바튼 반도와 마리안 소만

세종기지는 킹조지 섬에 기지가 있는 8개국 10개의 기지 가운데 8번째로 지어졌으며, 1988년 2월 17일에 완공되었다. 이 섬에 가장 먼저 들어선 기지는 1968년 2월 22일에 준공된 러시아 벨링스하우젠 기지이고, 사람이 살기 시작한 곳은 아르헨티나 주바니 기지이다. 1953년에 은신처로 출발한 주바니 기지는 1980년대에 규모가 커

세종기지의 건설 초기 모습(위)과 2009년의 모습(아래)

져 기지로 바뀌었다. 칠레는 1960년대 후반부터 최근까지 3개의 기
지를 이곳에 지었다. 영국 사람들은 1940년대 후반부터 킹조지 섬에
서 겨울을 나며 지도를 만들었다.

　　세종기지는 준공된 이후 우리나라 남극 연구의 최전선 역할을 담
당하고 있다. 기지를 준공하면서 남극 연구는 한 단계 발전하였다. 남

위 62도 13분, 서경 58도 47분에 자리 잡은 세종기지는 남극점에서 3100킬로미터 정도 떨어져 있다. 여름이면 기지에는 연구원들로 북적거린다.

세종기지는 굉장히 춥다?!

섭씨 영하 89.2도는 앞에서 말한 대로 남극에서 측정된 가장 낮은 기온이다. 하지만 남극은 워낙 넓은 곳이라, 기온도 지역에 따라 상당히 차이가 난다. 곧 남극 전체가 추운 것이 아니어서 북쪽에 있는 섬과 해안에 있는 기지들은 기온이 그렇게 낮지 않다. 북쪽은 아무래도 남쪽보다 태양빛을 조금이라도 더 많이 받고, 바다의 영향을 받는 데다 지대가 높지 않아 다른 지역보다 따뜻하다.

세종기지는 남극에서도 아주 북쪽에 있어서 연평균 기온이 섭씨 영하 1.7도이다. 지금까지 가장 낮았던 기온은 1994년 7월 24일 측정된 섭씨 영하 25.6도이다. 참고로 가장 기온이 높았던 기록은 2004년 1월 24일의 섭씨 13.2도이다. 여름인 12월부터 이듬해 3월까지의 월평균 기온은 섭씨 2.2~0.7도로, 이때는 눈 녹은 물이 흐르고 가끔 비도 온다. 그러나 이곳도 분명 남극이다. 바람이 불어서 체감온도가 기온에 비해 상당히 낮다.

세종기지뿐만이 아니라 킹조지 섬에 있는 모든 기지의 기온은 비슷하다. 따라서 남극이라고 반드시 추운 것은 아니다. 추워서 남극이 아니라 위치가 남극이라서 남극인 것이다. 세종기지는 남극에서도 춥지 않은 곳에 있다.

눈보2ᄀᄂᄉ 일면 세종기지 안에서도 길울 잃는ᄃ(?!

킹조지 섬에 동남동풍이 불면 세종기지에는 어김없이 눈보라가 몰아치고 기온이 급격히 떨어진다. 남극의 동남동풍은 남극반도의 끝, 곧 기온이 낮은 남극 본토에서 불어오기 때문에 차다. 바람이 워낙 세기 때문에 눈보라가 휘몰아쳐서 앞이 보이지 않을 정도이다. 땅을 덮은 눈이 바람에 날아가 마치 잔디밭이 떨어져 나간 것처럼 보이기도 하고, 눈이 많이 쌓인 곳은 깎여 나가 거친 물결이나 파도처럼 보이기도 한다.

세종기지는 남극에서 기온이 꽤 높은 편이지만, 여름에도 가끔 눈보라가 친다. 여름이라 눈의 위력은 대단치 않고 오래 지속되지도 않는다. 그러나 늘 그런 것은 아니어서 2001년 1월에 강한 눈보라가 몰아친 날, 연구원 몇 사람이 눈보라의 위력을 알아보려고 펭귄 군서지로 갔다가 바람이 하도 강해서 바람에 날려갈까 무서워 언덕 위로 올라가지도 못하고 돌아온 적이 있다.

눈보라는 겨울에 유난히 강하다. 자주 불고 부는 시간도 길어서 심할 때에는 70시간, 즉 사흘 정도를 쉬지 않고 불기도 한다. 눈보라가 심할 때에는 20~30미터 앞도 보이지 않는다. 그럴 때에는 자칫

완전히 눈에 덮인 목조 창고(위)와 건물 높이까지 쌓인 눈(아래)

잘못하면 길을 잃기 쉽다. 그래서 사무실에서 식당까지 가다가 길을 잃을까 봐 막대기를 눈 언덕에 박고 줄을 묶어 놓은 적도 있다. 눈보라가 심해 온 세상이 하얗게 보이면 매일 오가던 익숙한 길이라도 느낌이 다르다. 예를 들어 똑바로 서른 걸음을 간 다음 왼쪽으로 방향을 바꾸면 사무실이라고 알고 있었는데, 걷다 보면 엉뚱한 방향으로 가서 컨테이너에 부딪히기도 한다. 온 세상이 하얀색이라 거리를 짐작하기 힘들어 방향을 바꾸는 지점을 지나쳐 버리기 때문이다. 발걸음 수를 일일이 헤아린다고 해도 눈이 쌓이면 평소와는 보폭이 달라져 거리가 달라진다.

세종기지에 동남동풍이 강해지면 파도가 거세게 일어 기지 주변 바다는 하얀 파도로 뒤덮인다. 그때는 고무보트도 띄울 수 없다.

091

세종기지는 바람이 세지 않다?!

세종기지 부근에서도 바람의 힘을 느낄 수 있다. 큰바람이 불지 않아도 빙산과 유빙은 꾸준히 움직인다. 바람이 강해져 풍속이 초속 13 ~14미터에 이르면 파도가 높아져 물결이 하얗게 일고, 기지 주변에는 눈보라가 친다. 세종기지의 평균 풍속은 초속 7.9미터이다. 지금까지 측정된 최대 풍속은 2008년 4월 20일에 분 북풍으로 초속 50미터가 넘었다. 풍속계로는 초속 50미터까지만 잴 수 있으므로 그보다 빠른 바람은 측정할 수 없어 그냥 초속 50미터를 넘는다고 말한다. 초속 40미터를 넘는 바람도 몇 년에 한 번씩은 분다.

바람이 아주 세게 불면 눈과 얼음이 깎여 날리므로 앞이 보이지 않는다. 흔히 말하는 눈보라로 폭설풍이다. 심할 때는 20~30미터 앞도 보이지 않으며, 그런 상태가 짧게는 몇 시간, 길게는 며칠씩 이어지기도 한다. 바람이 아주 세면 땅이 벗겨지고 쌓여 있던 눈이 날려 파도가 이는 듯한 모양이 된다.

바다의 파도도 바람이 부는 시간과 세기, 바람이 분 거리에 따라 달라진다. 이른바 하얀 파도가 일 때는 보트가 뒤집힐 위험이 높아

바람이 분 방향으로 물결치듯 깎인 눈

납작 엎드려 바람과 눈을 피하고 있는 펭귄

바다에 있으면 위험하다. 바람이 심해지면 얼음 조각이 바람의 방향과 평행하게 긴 줄을 만들면서 밀려간다. 남극의 해안은 우리나라 해안처럼 모래로 덮인 곳이 없다. 고운 모래나 자잘한 자갈은 바람이 심해 거센 파도에 쓸려가고, 주로 바위나 굵은 자갈, 돌덩이로 덮여 있다. 그나마 해변의 돌들은 강한 파도를 맞아 땅에 박힌 느낌이 들 정도이다.

바람은 생물에게도 큰 영향을 끼친다. 바람이 불면 체감온도가 낮아져 추위를 느끼기 마련이다. 남극의 대표 생물이라 할 수 있는 펭귄은 바람을 등지고 피한다. 알을 품거나 새끼를 데리고 있는 새는 둥지에 앉아 이들을 보호한다. 바람이 심하면 제비갈매기처럼 약한 새는 바람을 거슬러 날아가지 못한다. 그래서 남극의 하늘에서는 날아다니는 새들을 보기 힘들다.

미르

세종기지 부근의 바닷물은 봄에 덜 짜다?!

겨울에 바다가 얼면 바닷물의 염분 농도는 약간 높아진다. 염분이 얼음 속으로 녹아 들어가지 못하고 바닷물 속에 녹아 있기 때문이다. 반면 여름에는 해빙이 녹고, 눈 녹은 물이 바다로 흘러들어 염분의 농도는 약간 낮아진다. 수온도 겨울에는 당연히 낮아 섭씨 영하 1.9도 정도를 유지하고, 여름에는 섭씨 2도 정도이며 흔하지는 않지만 때에 따라 섭씨 3도까지 올라가기도 한다.

세종기지는 바닷가에 자리 잡고 있다. 봄이면 부근의 산에서 눈과 얼음이 녹은 물이 강물처럼 바다로 흘러든다. 땅 위의 눈과 얼음은 그 양이 많지 않아서 여름이 시작되면 바다로 흘러드는 물의 양이 줄어들지만 기지의 북동쪽에 있는 빙벽에서는 여름이 다 가도록 얼음이 녹아 흐른다. 따라서 기지 부근의 바다는 봄과 여름에 눈 녹은 물이 흘러들어서 바닷물이 덜 짜다. 물론 염분 농도의 변화 폭은 상황에 따라 차이가 크다. 예를 들어 기지의 앞바다가 60센티미터 두께로 얼었던 1988년 겨울에는 수온과 염분이 각각 섭씨 영하 1.80도와 33.5~34.0퍼밀로 큰 변화가 없었는데, 여름에는 각각 섭씨 0.10~2.10도와 27.62~34.04퍼밀로 변화가 컸다. 또 얼음과 눈이 녹아 흘러드는 곳에서 멀어지면 염분 농도가 약간 높아지며, 변화의 폭도 크지 않다.

참고로 바닷물에 떠 있는 진흙의 양도 2월에 가장 높고, 10월에 가장 낮다. 진흙은 봄이 되면서 2월에 얼음 녹은 물이 흘러들어서 많아지는 것이고, 10월에는 아직 얼음이 녹아 흘러들기 전이라 적다. 흙물이 갑자기 많이 흘러들면 바다는 부옇게 변한다.

3 사람들은 세종기지에서

093

세종기지는 컨테이너로 지었다?!

매스컴을 통해 사진으로 보는 세종기지의 건물은 대부분 주황색 직육면체여서 마치 컨테이너를 연결한 것처럼 보인다. 창고로 쓰는 12미터짜리 컨테이너가 몇 개 있기는 하지만, 기지 건물은 분명히 컨테이너가 아니다.

세종기지 건물은 열을 추운 외부에 빼앗기지 않도록 단열판으로 지었다. 벽의 안팎은 두께 0.6밀리미터의 얇은 철판을 대고 가운데에 열을 전하지 않는 스티로폼을 15센티미터 두께로 넣었다. 판의

새 건물을 준공하기 전 2009년 1월의 세종기지 주홍색 상자 모양의 기지가 컨테이너처럼 보이기는 한다.

표면은 오렌지색으로 코팅을 하여 오래가도록 하였으며, 이런 판을 연결해 튼튼하게 벽을 세웠다. 지붕도 벽과 마찬가지이다. 바람의 저항을 줄이기 위해 지붕의 기울기를 줄여 언뜻 보면 평면처럼 보이지만 실은 평면이 아니다. 바람이 아주 센 날에는 조금 흔들리기는 해도 지금까지 바람에 날아가거나 벗겨진 적은 없다. 그리고 보면 국내 기술로 지은 세종기지는 아주 잘 지은 건물이다. 전에는 천장이 트여 있어서 휴게실에서 피운 담배 냄새가 기지의 모든 방으로 퍼져 나갔으나, 2009년 생활동을 완공하면서 휴게실을 옮겨 이제 그런 일도 없다.

킹조지 섬에 있는 브라질의 페라즈 기지는 12미터짜리 컨테이너를 연결해서 사무실과 연구실을 지었고, 숙소도 만들었다. 남극에서 컨테이너로 건물을 짓는 것은 아주 드문 일인데, 그 사실을 몰랐던 것이 아니라 싸게 빨리 짓느라 그런 듯하다. 컨테이너는 철판으로 되어 있어서 공기가 통하지 않는다. 그래서 브라질 기지의 천장에서는 물이 떨어지고 곰팡이가 핀다. 세종기지에서 그런 일은 있을 수 없다.

남극에서는 물 걱정이 없다?!

온통 얼음과 눈으로 덮여 있으니 남극에는 물이 풍부해 물 걱정을 전혀 하지 않을 것이라 생각한다. 그러나 실제로는 그렇지 않다. 얼음이 많은 것은 사실이지만 얼음을 물로 만들려면 얼음이 아주 가까운 곳에 많이 있거나 얼음을 가져올 수단이 있어야 한다. 즉, 트레일러와 같이 얼음을 실어 올 수 있는 운송 수난이 없으면 얼음이 아무리 많아도 '그림의 떡'이다.

세종기지에서는 여름에 눈 녹은 물을 마신다. 기지를 지을 때 기지 남쪽의 약간 높은 곳에 가로세로의 길이 20미터 정도, 깊이 2미터가 조금 넘는 연못을 함께 만들었는데, 눈 녹은 물이 그곳으로 흘러들기 때문이다. 이 연못의 이름은 기지를 지은 현대그룹을 기념하여 '현대소'라고 부른다. 현대소에는 10월부터 눈 녹은 물이 고이기 시작해서 이듬해 3~4월까지는 그 물을 마실 만큼 고인다.

그러나 겨울이 되면 지면과 연못이 얼고 바닥에 방수를 위해 깔아 놓은 고무판이 얼음조각에 찢어져 물이 아래로 빠져나가 모자란다. 이때는 바닷물을 펌프로 끌어 올려 소금기를 빼서 마실 물을 만든다. 하루에 용량 200리

바닷물을 퍼 올려 마실 물을 만드는 기계

터짜리 드럼으로 20~30드럼의 물을 만들면 기지에 있는 모든 사람이 충분하게 사용할 수 있다.

세종기지에서 남서쪽으로 6킬로미터 정도 떨어진 아르헨티나의 주바니 기지에서는 근처에 있는 호수에서 물을 길어다 쓴다. 겨울에도 호수 표면의 얼음을 깨고 물을 끌어 올린다. 그래서 설상차가 고장이라도 나면 일일이 물을 길어 와야 하므로 고생이 말이 아니다. 세종기지 건너편에 있는 우루과이의 아르티가스 기지도 얼어붙은 호수에서 물을 끌어 올린다. 펌프를 사용해 물을 끌어 올리므로 고장이 나거나 연료가 떨어지면 큰 낭패이다. 2001년 봄에는 휘발유가 없어서 펌프의 모터를 가동하지 못한다며 휘발유 20리터를 빌려 달라고 해서 200리터 한 드럼을 그냥 준 적이 있었다.

095

세종기지에는 채소가 없다?!

남극이라고 해서 세종기지 사람들이 직접 무엇인가를 잡거나 길러서 먹지는 않는다. 서울에서 준비한 재료로 우리나라에서 먹던 대로 거의 똑같이 먹는다. 요리사가 기지에 있는 재료로 한식, 양식, 중국식, 일식 요리를 만든다. 신선한 채소와 과일이 풍부하지 않은 것이 흠이지만, 우리나라에서 먹는 음식과 크게 다르지 않다. 최근에는 실내에서 농작물을 키울 수 있는 시설을 기지 안에 갖추어 신선한 채소도 공급할 수 있게 되었다. 바로 2009년 말 세종기지에서 겨울을 난 대한민국 남극과학연구단 제23차 월동연구대 대장 강성호 박사가 '파루'라는 개인 기업과 서울대학교와 손잡고 개발한 수경 재배 시설 덕분이다.

'환경 보호를 위한 남극조약 의정서'가 체결되기 전에는 채소를 재배한 적이 있었다. 1990년 1~12월까지 기지에 머문 제3차 월동대에서, 기상을 관측하고 예보하기 위해 남극에 온 남재철 연구원이 농과대학을 나온 경력을 살려 기지 부근에서 식물 재배에 적합한 흙을 구해 오이, 쑥갓, 상추, 배추 들을 재배하였다. 쑥갓이나 상추의 잎이 우리나라에서 재배한 것 못지않게 컸다. 신선한 채소를 마주 대한 사람들은 감격해서 연신 "여기가 서울이냐, 남극이냐?"를 연발했었다. 또 농업고등학교에서 배운 기술로 채소 재배를 시도했으나 기대만큼 잘 자라지 않은 적도 있었다. 비료나 농약을 물에 타서 채

세종기지에서 수경 재배로 키운 채소들(2010년)

소의 잎에 뿌리는 엽면시비를 하며 정성을 들였지만 채소가 잘 자라지 않았다. 하지만 그 덕분에 크기는 작아도 채소를 맛볼 수는 있었다. 알다시피 농사도 대단한 기술이다.

096

세종기지에서도 YTN과 아리랑TV를 본다?!

1988년 2월 세종기지가 준공되었을 무렵에는 칠레 기지에서 남극에 와 있는 가족을 위해 중계하던 칠레 국영 TV를 보았다. 스페인 말이라 알아듣지는 못해도 화면을 보면서 대충 내용을 꿰맞추며 볼 수밖에 없었다. 1995년 5월에 삼풍백화점이 무너진 사고 뉴스를 칠레 방송으로 며칠씩 보면서, 또 우리나라 국회에서 몸싸움을 벌이는 국회의원들의 모습을 그들의 방송을 통해 보며 여러 가지 생각을 했다.

칠레가 천주교 국가라서 그런지 칠레 방송은 성탄을 전후해 「벤허」나 「십계」 같은 명작 영화를 보여 주기도 하고, 비록 말은 통하지

세종기지에서도 인터넷을 쓸 수 있게 연결해 주는 둥근 인터넷 안테나가 앞쪽에 보인다.

않지만 주말 교양 프로그램 정도는 볼 만하였다. 그중 「우리가 사는 땅」이라는 프로그램은 직접 찾아가기 힘든 칠레의 여러 곳을 찾아다니며 자연과 주민 생활 그리고 낯선 지방의 풍물을 보여 주어 즐겨 보곤 했었다. 그러나 뉴스와 몇몇 프로그램을 제외하고는 대부분의 경우 칠레 방송보다 비디오테이프를 너 많이 보게 된다.

세종기지의 시설은 점점 나아지고 있다. 예를 들면, 1999년 2월부터 세종기지에도 인터넷이 연결되어 국제전화를 편리하게 이용할 수 있으며 영상 통화도 할 수 있게 되었고, 2005년에는 한국우주천문연구소의 도움으로 인공위성 수신 장치를 설치하였다. 그래서 YTN과 아리랑TV를 우리나라와 같은 시간에 볼 수 있게 되었으며, 미국 KBS에서 보내는 방송도 시청할 수 있다. 미국 KBS는 미국에서 KBS의 방영 프로그램을 선별해 중계하는 방송이다. 비록 몸은 남극에 있어도 우리나라 소식이 궁금해서 뉴스 방송인 YTN을 즐겨 본다. 하지만 세종기지는 서울보다 12시간이 늦어 한국에서 저녁 9시 뉴스를 할 때가 오전 9시로 한창 일할 시간이라 아쉽지만 참을 수밖에 없다.

최근에는 한국통신KT이 세종기지의 전화를 인천 전화로 설치해

더 이상 국제전화 요금을 물지 않게 되었다. 세종기지의 인천 전화
번호는 032-458-5000번이고, 인터넷 전화번호는 070-7667-9451~3
번이다.

097

세종기지 대원들은 감기에 걸리지 않는다?!

공기가 너무 차가워서 감기 바이러스가 살아남을 수 없기 때문에 남
극에서는 감기에 걸리지 않는다고 한다. 기온이 섭씨 영하 0도에 가
까운데도 공기가 깨끗하고 바이러스가 없어서 남방셔츠만 입어도
대개는 감기에 걸리지 않는다.

하지만 세종기지는 남극에서 보면 그리 남쪽도 아니고 기온이
크게 낮지도 않아 운이 나쁘면 감기에 걸린다. 남극에는 감기 바이
러스가 없으나 외부에서 오는 손님이 전염시키는 경우가 있기 때문
이다. 가끔은 세종기지의 의사가 다른 기지의 환자를 치료해 준 뒤
감기에 걸려 오기도 한다. 감기 바이러스가 살아남지 못할 만큼 추
운 다른 남극 지역과는 달리, 세종기지는 바이러스가 공기 중에서
살아남을 수 있는 정도의 기온은 되기 때문이다.

세종기지에서 생활할 때 보면 담배를 많이 피우는 사람일수록
감기에 걸리면 오랫동안 고생하였다. 담배를 피우지 않는 사람은 감
기에 잘 걸리지 않고 걸려도 가볍게 지나갔다.

098

세종기지에서는 삶은 김치를 먹는다?!

우리 식탁에 하루도 빠지지 않고 오르는 김치는 우리의 고유 음식인데, 몇 년 전에는 미국의 건강 전문 신문이 세계에서 가장 좋은 식품 5가지 중의 하나로 꼽았을 만큼 건강에 좋다. 우리나라 사람들이 모여 있으니 세종기지의 식탁에서도 김치는 빼놓을 수 없는 반찬이다. 그러나 기지에서 김치다운 김치를 먹게 된 데에는 긴 사연이 있다.

1988년 2월 처음 월동을 할 때에는 캔에 든 김치를 먹었다. 그 무렵 외국에서 일하던 우리나라 사람들에게 공급되던 캔 김치는, 김치를 익히는 미생물을 높은 열로 죽여 캔에 담은 것으로 한마디로 표현하면 '삶은 김치'이다. 그러나 김치찌개와는 또 다르다. 색깔은 불그스름하고 들큼하고 물큰한 것이 김치 맛은 나긴 하지만, 사람들이 기대하는 아삭하고 신선한 김치가 아니었다. 찌개를 끓여도 맛깔스러운 김치찌개와는 거리가 멀었다. 그러나 김치라고는 그 캔 김치밖에 없으니 "맛이 없다.", "김치가 아니다."라고 불평을 늘어놓으면서도 먹을 수밖에 없었다. 지금 같으면 아무도 쳐다보지 않을 것이다.

한때는 칠레 산티아고나 미국 로스앤젤레스에서 식품점을 하는 교민들이 담근 김치를 사다 먹기도 하였다. 20리터짜리 플라스틱 통에 담아 냉동시켜 가져왔는데, 캔 김치보다는 훨씬 나았지만 배추와 양념이 기대에는 미치지 못하였다. 1991년에는 기지의 요리사가 칠레에서 사 온 푸른 양배추로 김치를 담가 먹기도 하였다. 우리 배추는 보기 힘들지만 양배추는 많아 배추 대신 궁여지책으로 담가 본 것이다. 집에서 먹던 김치 맛은 아니지만 캔 김치 맛과는 비교가 되지 않을 만큼 신선하고 맛있었다. 이에 용기를 낸 요리사는 칠레 오이로 오이지를 담그기도 하였다. 캔 김치에 대한 푸대접은 날로 심해져 캔 김치의 푸른 잎만 모아 우거지 대신 끓여 먹기도 하였다.

시간이 흐르면서 세종기지에 대한 식품 공급 방식이 좋아져서 꽤 오래전부터는 냉동 컨테이너로 우리나라 식품을 보내 주었다. 김치뿐만 아니라 어리굴젓을 포함한 온갖 젓갈까지 기지에서 먹을 수 있게 되었다. 이제 세종기지의 식탁은 우리나라의 여느 회사 식당 못지않게 다채롭고 풍부해졌다. 그러면서 이제 캔 김치는 추억이 되어 오래전에 세종기지를 다녀온 이들의 머릿속에만 남아 있다.

099

세종기지에서는 무얼 연구할까?

우리나라 남극 연구의 목적은 남극 자연환경의 이해와 남극 보호를 위한 기초 자료를 얻는 데 있다. 이를 위해서 대기 · 지질 · 해양 · 생명 · 빙설 과학의 전문 학자들이 연구에 참가하고 있다.

대기 과학자는 기지의 기상 상태와 오존량, 대기 화학과 고층 대기를 관찰하고 측정한다. 지구물리학을 포함하는 지질 과학자는 고체인 지구 자체, 남극과 남빙양의 옛 환경, 지구물리 현상들을 연구한다. 해양 과학자는 남빙양의 일반 해양학부터 해양 생태계 연구를

운석을 채집하려고 비행기를 타고 운석을 찾아나선 연구원들

주로 진행한다. 생명 과학자는 기지 주변과 남빙양 생물체들의 생명 현상을 연구한다. 빙설 과학자는 남극 대륙에서 파낸 얼음 성분에 따른 기후 변화를 중심으로 연구하고 있다. 그러나 연구 재료인 얼음을 구하지 못해 주로 외국에서 얻은 재료로 연구하였는데, 점차 우리 스스로 연구 재료를 채집하려 힘쓰고 있다. 최근에는 남극 대륙에서 직접 운석을 채집해 분석하고 있다. 운석은 잘 알다시피 지구 외부에서 날아온 물체로 태양계의 형성과 생명체의 발생에 대한 단서를 가지고 있다.

앞으로 연구원이 늘어나면서 연구 분야도 다채로워질 것이라 생각된다. 그러나 크게 보면 연구의 방향은 남극의 이해와 환경 보호에서 벗어나지 않는다.

남극 세종기지의 용도는 크게 두 가지로 볼 수 있다. 여름에는 우리나라 남극 연구의 전진 기지가 되고, 겨울에는 기지 주변의 환경 변화를 관찰하고 기록하는 일이다. 그래서 여름에는 100여 명에 가까운 하계 연구원들이 기지를 중심으로 연구 재료를 채집하고 연구 활동을 펼친다. 겨울에는 월동 연구대가 기지의 기상 상태를 포함하여 해안선, 지질, 생물, 바닷물과 고층 대기를 관찰하고 기록한다. 이런 기초 자료들은 우리가 남극을 이해하고 보호하는 데에 귀중하게 쓰이리라 믿는다.

1978년 남빙양 크릴 시험 어획으로 시작된 우리나라의 남극 연구는 1988년 남극 세종기지의 준공으로 명실공히 한 단계 뛰어 넘었다. 그 결과를 남극과 큰 관련이 있는 국제사회가 인정하여 우리나라는 1989년 10월 남극조약 협의당사국이 되었다.

고무보트는 무섭다?!

남극에서 바다로 멀지 않은 거리를 오갈 때에 요긴하게 이용하는 것이 고무보트이다. 예를 들어, 세종기지는 비행기가 뜨고 내리는 칠레 기지의 공항이 있는 필데스 반도에서 상당히 떨어진 바튼 반도에 있어서 비행기를 타러 가려면 고무보트를 쓸 수밖에 없다. 또 바다를 조사하러 나갈 때에도 고무보트는 꼭 필요하다.

그러나 일반 사람들은 평소 고무보트를 탈 일이 거의 없었기 때문에 고무보트 타는 것을 무서워하기도 한다. 실제로 처음 세종기지에 왔다는 어떤 남자는 바다를 건너는 동안 내내 무서워서 다른 사람의 다리를 꽉 잡고 있었다고 하고, 오래전에 기지를 방문했던 어떤 부인은 고무보트를 타지 못해서 결국 헬리콥터를 이용해 세종기지를 다녀간 적도 있었다. 고무보트는 혼자 타면 무섭지만 여럿이 함께 타면 덜 무섭다. 그런데도 가끔 무서워하는 사람이 있는데 세종기지를 취재하러 왔던 어느 신문기자가 "다시는 고무보트를 안 탄다."고 손사래를 쳤던 기억이 있다. 그 기자는 난생처음 고무보트를 탔다는데 죽음의 공포까지 느꼈던 모양이다.

칠레 기지의 공항에서 세종기지는 멀리 바라다보인다. 얼음 위로 걸어갈 수도 있지만 크레바스가 많아서 위험하므로 보통은 칠레

어안 렌즈에 잡힌 부두의 모습 사람들이 고무보트를 탄 채 출발하기를 기다리고 있다.

기지 앞에 있는 해안에서 고무보트를 탄다. 날씨가 좋을 때에는 세종기지까지 물 한 방울 튀지 않고 20분이면 올 수 있지만, 맞바람이라도 부는 날에는 바닷물을 뒤집어쓸 뿐만 아니라 1시간도 넘게 걸린다. 남극에서는 고무보트를 흔히 조디악Zodiac이라고 부르는데, 이는 전 세계 고무보트 시장의 상당 부분을 장악하고 있는 프랑스 회사의 이름으로 상표이다.

101

킹조지 섬은 작은 지구촌이다?!

킹조지 섬에 있는 8개국 10개 기지를 자세히 들여다보면 아주 재미있는 곳이란 생각을 떨칠 수 없다. 먼저 기지마다 각자 편리한 시간을 선택해서 쓴다. 칠레, 아르헨티나, 브라질, 우루과이 기지는 본국과 같은 시간을 쓴다. 그러나 우리나라와 중국은 본토의 시간보다 12시간 늦은 시간을 쓴다. 예를 들면, 우리나라 시간이 5월 10일 오전 10시이면 세종기지는 9일 오후 10시이다. 한겨울에는 경도에 가까운 서경 60도의 표준시를 쓰기도 하는데, 그때는 우리나라 시간보다 13시간이 늦다. 아주 작은 섬인 킹조지 섬 안에 함께 있으면서도 기지 간에 보통 1~2시간 정도 시간 차이 난다. 그래서 다른 나라 기지에 있는 사람들과 약속할 때에는 시간을 정확히 확인해야 한다.

그런가 하면 각 기지마다 다양한 인종의 사람들이 모여 있다. 세종기지와 중국 기지는 동양 사람이 지키고 있고, 러시아나 폴란드

기지는 당연히 유럽 사람들이 들어와 있다. 칠레, 아르헨티나, 브라질, 우루과이의 기지는 유럽 출신의 라틴아메리카 사람들이 생활하고 있다. 이들은 서로 피부색, 언어, 종교, 이념, 역사, 음식, 문화, 의식이 크게 다를 수밖에 없다. 이러한 점에서 킹조지 섬은 단순히 8개국의 남극 기지가 모여 있는 곳이 아니라, 문명 세계의 축소판으로 작은 지구촌이라 해도 지나침이 없다.

여름에는 세종기지에도 관광선이 찾아올 때가 있다. 세종기지를 방문하려는 관광선은 하루 전에 텔렉스로 연락한다. 예를 들면, 우리 관광객 몇 사람이 오후 2시부터 3시까지 세종기지를 찾아가 보고 싶어 하는데 괜찮으냐고 묻는다. 사람이 그리운 기지에서는 큰 용무가 있는 경우가 아니면 방문을 거절하지 않는다. 세종기지를 찾는 관광객은 대부분 유럽이나 미국의 할머니와 할아버지들로, 우리가 기지에서 1년을 생활한다는 사실에 매우 신기해한다. 대원들과 반갑게 손을 잡고 인사도 나누고 사진을 찍기도 하며 기지의 여기저기를 구경한다. 가끔은 답례로 우리 대원들을 관광선으로 초대해 배를 구경시켜 주기도 한다.

4 북극 다산기지는

102

북극 다산기지와 남극 세종기지의 분위기는 다르다?!

다산기지는 한국해양연구원이 2002년 4월 북극 스발바르 제도의 스피츠베르겐 섬에 설립한 북극 연구 기지이다. 북극도 우리나라에서 멀리 떨어져 있지만, 남극과 마찬가지로 과학 분야를 연구하는 데는 중요한 곳이라 연구기지를 세웠다. 다산기지로 쓰는 2층 건물은 노르웨이 회사의 소유이다. 우리는 건물의 반과 더불어 에너지, 물, 음식을 제공받고, 임대료와 그 비용을 지불하고 있다.

다산기지가 있는 니알레순에는 이탈리아, 영국, 스페인, 일본,

다산기지 가운데 건물의 왼쪽을 다산기지로 쓰고 있으며 앞의 흉상은 아문센 흉상이다(왼쪽).
다산기지의 입구로 왼쪽은 다산기지이고 오른쪽은 프랑스 라보 기지이다(오른쪽).

중국을 포함한 10개국의 연구 기지가 있다. 각 기지의 문화는 문명
세계의 그것과 크게 다르지 않아서 잘 아는 사람들끼리만 어울린다.
그래서 우리나라의 북극 기지인 다산기지와 남극 기지인 세종기지의
분위기가 크게 다르다. 다산기지에서는 개인주의 성향이 뚜렷하여
다른 기지 사람들과 잘 섞이지 않는다. 반면 남극 세종기지에서는 인
종, 국적, 이념, 종교, 언어를 따지지 않고 금방 친해져 친구가 되며
서로를 위해 준다.

　이런 분위기의 차이는 남극과 북극 같은 극지 지역의 독특한 특
징이며, 문명 세계에 이르는 거리와 교통편 때문에 생기는 것 같기도
하다. 남극은 문명 세계와 거리가 멀어 오가기가 어려울 뿐만 아니라
한번 가면 돌아오기도 힘들다. 그래서 고립된 느낌 때문에 모두가
같은 배를 탄 친구라고 생각해서 격의 없이 지낸다. 반면에 북극은
문명 세계에서 가깝고 교통도 편리해 쉽게 오갈 수 있어서 고립되었

다는 느낌이 없으므로 한 배를 탄 동료라는 유대감이 크지 않은 것 같다. 그래서 공동체 의식 없이 가까운 친구들끼리만 어울리는 문명 세계의 습관과 행동이 그대로 유지된다.

기지 간 거리도 다르다. 다산기지는 다른 기지들과 건물이 아주 가까이 있다. 적어도 노르웨이 니알레순에서는 각 나라의 기지가 멀어야 수백 미터 이내로 가까이 모여 있다. 반면 남극의 세종기지는 다른 기지와 멀리 떨어져 있어서 한번 찾아가기도 힘들다.

103

롱여빈에서 니알레순으로 가는 길은…

러시아 사람들이 모여 살고 탄광이 있는 롱여빈은 스피츠베르겐 섬에 있는 마을로, 북극 다산기지가 있는 니알레순으로 가려면 반드시 들러야 하는 곳이다. 롱여빈에서 니알레순까지는 비행기로 20분 남짓 걸리는데, 눈에 보이는 풍경이 내난하나. 육지에서 바다로 들어오는 빙하의 표면은 무수한 크레바스가 있어 마치 굵은 모기장처럼

북극으로 흘러드는 빙하와 빙하 위에 생긴 크레바스

황량하나 이국의 정취를 풍기는 모습이 눈길을 끄는 롱여빈(왼쪽)과 니알레순(오른쪽)

보인다. 이 크레바스는 빙하가 물에 닿으면서 빙하 아래의 지형과 바닷물의 조석이나 파도 같은 움직임 때문에 생긴 것으로 보인다. 그런데 크레바스가 평행하지 않고 거의 직각으로 만나 그 모양이 마치 직사각형처럼 보인다. 여름 동안 기온이 영상으로 올라가면 빙하의 표면이 녹은 물은 크레바스를 따라 흐르므로 크레바스는 점점 커지고 넓어진다.

또 하나 놀라운 광경은 풀 한 포기, 나무 한 그루 없는 땅 바닥과 절벽이다. 누르스름하거나 갈색인 흙이 드러난 땅은 아주 황량하다. 색깔과 두께가 다르며, 평행한 층리가 그대로 드러나 있는 절벽은 지층이 쌓인 과정을 그대로 보여 주고 있어서 훌륭한 지질학 교재가 된다. 지층을 만든 물질의 크기와 성분이 달라서 색깔도 다르고, 쌓인 시기나 흘러든 물질의 양이 달라서 두께도 다르다. 아무리 그런 내용을 알고 내려다보아도 그 모습은 아름답고 신기하기만 하다. 눈 덮인 산의 풍경도 빼놓을 수 없는 장관이다.

5 남극에서 월동은

104

세종기지에서 겨울을 난다는 것은?

월동이란 말 그대로 겨울을 나는 것이다. 따라서 남극에서 월동은
1년을 사는 것이다. 남극의 겨울은 춥고 바람이 세기 때문에 대부분
의 일은 여름에 한다. 여름인 11월쯤 남극에 와서 2~3달을 머물며
연구 재료를 채집하거나 일을 하고 떠나는 사람들이 있는데, 이들을
'하계대'라고 한다. 이들에 비해 월동대는 여름에 와서 겨울을 난 뒤
다음해 여름에 기지를 떠나므로 기지에 13개월 정도 머물게 된다.

하계대가 있을 때 월동대는 주로 고무보트나 설상차를 운전하며

하계 연구원의 조사를 돕거나 기지를 수리하는 일을 도와 준다. 예를 들어 기지 건물의 벽과 지붕의 페인트는 바람과 눈보라에 쉽게 벗겨져서 거의 매년 다시 칠해야 한다. 물자와 수리해야 할 크고 작은 기기의 부속품도 주로 여름에 들어오므로 이것들

남극에 봄이 오면 세종기지는 손님 맞을 준비로 바쁘다. 부두에서 완충 장치를 수리하고 있는 월동대원들(1995년 봄)

을 기지로 옮기고, 받은 부품으로 그때그때 기기들도 손봐 둔다. 기지를 찾는 손님은 여름에 몰리므로 이들도 접대해야 한다. 여름이면 기지에 사람이 많기 때문에 월동대원들은 이래저래 바쁜 계절이다.

손님과 하계대가 떠난 뒤에는 춥고 긴 겨울을 잘 견딜 수 있도록 기지의 시설을 점검하고, 기지에서 겨울을 날 사람들이 즐겁게 지낼 수 있도록 머리를 짜낸다. 월동대는 특별한 일이 없는 한 기지를 벗어나기 힘들다. 따라서 킹조지 섬을 떠날 일이 거의 없다. 한마디로 휴가라는 게 없다. 대신 월동대 임무를 끝내고 우리나라로 돌아올 때, 실제로는 5일쯤 걸리는데 여유 있게 10일을 더 주어 15일 동안 돌아오게 일정을 잡는다. 그러면 평소 가고 싶었던 리우데자네이루나 이과수 폭포, 마추픽추, 라스베가스, 하와이 같은 곳을 여행한 후 귀국한다. 일종의 귀국 휴가이다. 월동대원들은 9월경부터 관광할 곳을 정하며 즐거운 시간을 보낸다.

월동대원들은 기지 주변을 돌아다니면서 무료함을 달랜다.

1차 월동대원들이 취미로 키운 식물을 세종기지를 찾아온 브라질 기지의 대장이 신기한 듯 쳐디보고 있다.

월동대원은 기지에서 주로 생활해야 하므로 개인 시간이 아주 많다. 시간을 잘 활용하고 의지가 굳다면 뜻깊은 결과를 만들어낼 수 있다. 실제로 기지에서 겨울을 나며 책을 번역하거나 글을 써두었다가 귀국해서 책으로 펴낸 사람이 여럿 있다.

105

나도 남극 월동대원이 될 수 있다?!

세종기지의 월동대는 처음에 인원을 13명으로 시작해 12명으로 줄었던 적도 있지만 지금은 18명으로 구성된다. 월동대는 연구반과 기지 유지반으로 나뉜다. 대장과 총무는 극지연구소 직원이 맡고, 그외의 인원은 연구소나 정부 기관에서 파견을 나오거나 지원한다. 예컨대 기상 관측 대원은 기상청에서, 의사는 보건복지부에서 보낸다. 연구반은 주로 해양 과학, 지질 과학, 고층 대기물리학, 생명 과학, 빙하학을 전공한 사람들로 박사도 가끔 있지만 대부분 대학원생이며, 인원은 대장을 포함해 5~6명으로 꾸린다. 대장은 박사급 연구원이 맡는다.

기지 유지반은 의료, 기계, 발전, 전기, 중장비, 통신, 조리, 해상 안전 분야의 전문가들로 구성되며, 인원은 10명이 넘는다. 해상 안전은 2003년 12월 월동대원이 희생된 후에 생긴 직종으로, 주로 고무보트를 운전하고 관리한다. 의사를 제외한 유지반 대원은 공개 모집을 한다. 매년 4월경에 신문과 극지연구소 홈페이지에 공고가 난다.

각 분야 모두 일정한 자격과 경력을 요구하며, 기술직은 이론과 실기 시험을 모두 본다. 예를 들어 요리사는 직접 요리를 만들게 해 시식한 후 결정한다. 전에 기지에서 월동대원으로 근무한 사람이 다시 지원하는 일도 있다. 경쟁률은 직종과 연도에 따라 차이가 있으나, 한 사람을 뽑는 데 수십 명이 지원하기도 한다. 신체검사와 인성 검사에 합격해야 최종 합격자가 된다. 합격자들은 일주일 동안 해양경찰청에서 주관하는 훈련을 받는다. 심폐소생술, 방화, 체력 단련 같은 내용이다. 그러므로 월동대원들은 기지로 오기 전에 서로 인사를 나눠 친해진다.

2011년 세종기지를 지키고 있는 제24차 월동대 발대식

선발된 월동대원들은 매년 11월경에 발대식을 하고, 12월에 가족의 환송을 받으며 기지로 떠난다. 기지에 도착해서는 전임 월동대원과 임무를 인수인계한 뒤 월동에 들어간다. 기지 주변의 자연을 관찰하고 기록하는 일 외에 하계대의 연구를 돕고 기지를 유지하는 것이 이들의 임무이다. 자신이 맡은 일을 하고 남은 시간은 자유롭게 쓸 수 있는데 그 시간이 꽤 길다. 앞에서도 말했듯이 잘 활용하면 뜻깊은 시간이 될 수 있다. 그렇게 1년을 보내고 이듬해 12월 중순쯤 후임 월동대에게 임무를 넘겨주고 귀국길에 올라 여유 있게 여행을 하면서 돌아온다.

2011년 5월 현재 제24차 월동대대장 신형철 박사 18명이 세종기지를 지키고 있다.

106

필요한 물품은 모두 우리나라에서 보낸다?!

남극에는 얼음 외에 사람이 쓸 만한 것은 전혀 없다. 연료도, 식량도 모두 문명 세계에서 가져와야 한다. 세종기지도 다르지 않다. 매년 4월쯤 극지연구소에서는 세종기지에서 다음 해에 필요한 물품이 무엇인지를 미리 묻는다. 그러면 기지에서는 앞으로 사용할 양까지 감안하여 필요한 물품 목록을 만든다. 극지연구소에서는 그 목록을 바탕으로 물품들을 준비한다. 물품 목록을 잠깐 살펴보면 김치와 된장, 고추장, 젓갈, 미역, 김, 말린 버섯, 마른 오징어, 무말랭이, 말린 호박을 비롯해 수백여 가지의 식품과 세면도구, 세제, 휴지와 같은 생활용품 들이며, 우리나라 술도 준비한다. 연구 재료도 다양하기는 마찬가지이다. 준비한 물품은 매년 9월 하순쯤 세종기지로 보낸다. 물품 가운데 차게 보관해야 할 것은 냉동 컨테이너에 싣는데, 그 양이 6미터짜리 컨테이너 6~7대 분량이다. 컨테이너는 11월 말경 칠레에 도착한다.

쇠고기, 돼지고기, 닭고기, 칠면조고기, 양고기 같은 고기와 생선 그리고 포도주, 맥주, 코냑 같은 술은 칠레에서 산다. 칠레산 닭고기에는 모래주머니가 있어서 조리사가 따로 모았다가 요리해 주기도 한다. 쌀은 우리나라 쇄빙선이 없었을 때에는 칠레에서 샀는데, 지금은 우리나라에서 준비해 간다. 칠레 쌀보다 우리나라 쌀이 입맛에 맞기 때문이다.

과일은 가끔 드나드는 외국 비행기를 이용해 조금씩 받는다. 칠레 마젤란 해협에 있는 작은 도시의 선식 취급 업체와 계약을 맺어, 그 업체에서 물품을 준비해 보낸다. 운반비를 내지 않을 때도 있지만, 지불해야 할 경우에는 과일값보다 운반비가 훨씬 비싸다.

107

월동대만 볼 수 있는 신비한 모습이 있다?!

월동대는 여름에는 볼 수 없는 신기하고 아름다운 현상을 많이 보게 된다. 겨울이 깊어지면서 하루하루 넓어지는 얼어붙은 조간대_{밀물에} 덮이고 썰물에 나타나는 해안 지역 바닥을 볼 수 있다. 남극의 조간대는 위로 바닷물이 출렁거려도 한번 얼어붙은 바닥은 녹지 않는다.

꼭꼭 여민 옷깃을 파고드는 눈보라도 경험할 수 있다. 눈보라가 심하다 보니 눈이 사람 살에 닿아 녹는 게 아니라 모래알처럼 아프게 때리고 지나간다. 그럴 때에는 외출은 꿈도 꾸지 못하고 윙윙거리는 바람 소리를 들으면서 꼼짝없이 숙소와 사무실, 식당만 오가야 한다. 심한 눈보라가 30~50시간씩 몰아치다가 물러간 다음 날 아침에는 어김없이 찬란한 태양과 새파란 하늘을 만날 수 있다. 그때의 하늘은 무엇과도 비교할 수 없을 만큼 아름답다.

눈 덮인 새하얀 언덕과 시퍼렇게 얼어붙은 얼음, 기뭇거뭇하게 드러난 절벽이 그렇게 아름다울 수가 없다. 황혼 녘의 석양과 떠오르는 태양이 만드는 여명은 그야말로 하늘이 불타는 것처럼 붉고 진하고 뜨겁고 아름답다. 이따금 바닷물이 얼어 바다 위로 하얀 운동장이 생기기도 한다.

날씨가 좋은 날에는 세종봉과 노엘 봉을 배경으로 기념사진을 찍기도 한다. 세종봉은 평소에도 잘 보이지만, 기지가 있는 바튼 반도에서 가장 높은 노엘 봉은 평소에는 바다에서만 보이기 때문이다.

남극의 겨울 1. 밀물이 밀려들어 솟아난 채 평행하게 언 세종기지 앞 2. 건물만 빼고 온통 하얗게 눈으로 덮인 세종기지 3. 완전히 얼어붙은 기지 주변 바다 4. 온통 주홍빛 황혼으로 물든 남극의 겨울

또 기지 남쪽에 있는 높은 언덕에 올라 120킬로미터 떨어진 남극반도를 구경하기도 한다. 남극반도 끝의 섬들이 하얀 덩어리로 보이고, 큰 골짜기들이 서로 어우러진 모습은 신비롭기까지 하다. 남극반도도 평소에는 너무 멀어 잘 보이지 않는다.

이러한 풍경과 경험은 월동대원이 아니면 경험하기 힘든 것들로, 월동대원만이 누릴 수 있는 축복이자 기쁨이다. 일반 사람들은 남극의 한겨울 풍경을 사진으로 보기도 힘들다. 사진가나 언론 관련자들도 주로 여름에 남극을 찾기 때문이다. 우리가 보는 대부분의 남극 사진은 여름의 풍경이다.

108

세종기지에서 월동은 남자만 한다?!

1991년 12월 극지연구소의 해양생물학자 안인영 박사가 제5차 하계연구에 참가한 이후 하계대에는 여자 연구원이 여럿 참가하고 있다. 생물학과 해양학 분야의 여자 연구원이 많이 참가하였고, 지질학과 지구물리 분야의 연구원도 참가한 적이 있다. 여자 연구원은 모두 하계대원이라 2~3달 머물다가 돌아갔다.

세종기지에서 여자가 월동한 것은 1996년 말부터 1년간 기지에 머문 제10차 월동대의 의사인 이명주 씨가 처음이다. 이명주 씨는 귀국한 뒤 남극에서 경험한 생활을 『여자가 남극에 왜 왔어?』라는 책으로 펴냈다.

두 번째로 세종기지에서 겨울을 보낸 여자 대원은 2010년 1월부터 12월까지 머문 제23차 월동대의 해양생물학자 전미사 씨이다. 이명주 씨는 당시 미혼이었으나 전미사 씨는 결혼해서 가족이 있는데도 남극에서 겨울을 보냈다.

자신의 꿈을 펼치기 위해 일을 한다거나 세계로 뻗어 나가는 데에 성별은 전혀 문제가 되지 않는다. 세종기지라고 해서 여자 대원이 월동을 하지 못할 이유는 없다.

109

남극은 환상 속의 아름다운 세계이다?!

거리가 멀다는 사실만으로도 충분히 환상을 갖게 되는 남극은 풍경까지 대단히 아름다워 가히 환상 속의 세계라 할 만하다. 밝은 태양 아래에서 신비한 옥색으로 빛나는 빙하, 어스름에 하얀 빙원 위에서 초록색과 주황색으로 쉴 새 없이 바뀌는 오로라, 검푸른 바다 위에 떠 있는 거대한 빙산, 끝없이 이어지는 새파란 빙벽, 하얗게 골짜기만 큼직큼직하게 보이는 남극 대륙, 이 모든 것이 남극에서만 볼 수 있는 환상 같은 풍경이다.

그러나 남극에 도착하기 전 머릿속으로 그리며 잔뜩 기대를 걸었던 환상은 곧 깨지기 마련이다. 오로라는 전혀 보이지 않고 아무리 아름다운 모습이라도 몇 번 보면 시큰둥해지고 만다. 사람들이 생활하고 연구하는 기지는 환상의 세계가 아니라 현실이기 때문이

환상처럼 멋진 남극의 풍경들

다. 아무리 수가 적어도 사람들이 모여 사는 곳이라 여럿이 함께 살면서 생기는 문제는 문명 세계와 다를 게 없다. 나쁜 건 나쁜 것이고 싫은 건 싫은 것이다. 남극에 왔다고 해서 사람의 본성이 바뀌지는 않는다. 게다가 남극에서는 마음대로 돌아다니지도 못하므로 쉽게 감정을 가라앉히기도 힘들다. 남극에 대한 막연한 환상만을 갖고서는 기지에 머물기가 힘들다. 그래서 사람들은 자신이 좋아하는 일에 마음을 붙인다. 그렇게 집중하고 몰두해서 할 수 있는 일이 없으면 기지에 있다는 사실 자체가 고역으로 다가올 수 있다. 좋아하는 일은 사람마다 다르므로 운동이든 공부든 스스로 찾아야 한다.

110

세종기지와 남극으로 가는 방법은 많다?!

우리나라 사람이 남극이나 세종기지에 가는 방법은 여러 가지이다. 그중 하나는 대기 과학이나 생명 과학, 지진학, 빙하학 분야의 연구원이 되어 연구하러 가는 방법이 있다. 연구원은 반드시 박사가 아니어도 된다. 박사 과정이나 석사 과정에 있는 학생도 남극을 연구하고 싶은 마음만 있으면 지도 교수의 추천을 받아 하계대나 월동대의 연구원으로 참가할 수 있다.

　연구 분야는 아니더라도 전기나 기계, 발전기, 차량 관련 기술자로서, 또는 의료, 요리, 통신 전문가로 세종기지에 1년간 머무는 방법도 있다. 물론 이런 경우에는 자격증과 경력이 있어야 하고 시험도 통과해야 한다.

그 밖에 선박의 선장이나 항해사, 기관사, 빙해 도선사 같은 전문가도 남극 대륙까지 항해할 수 있고, 비행기나 헬리콥터 조종사, 항법사, 정비 기술자도 갈 수 있다. 텔레비전 방송국이나 신문사, 잡지사의 기자가 되어 취재하러 갈 수도 있다. 실제로 우리가 보는 남극과 세종기지 그리고 기지에서 활동하는 사람들을 소개하는 프로그램이나 기사들은 대부분 이들이 취재한 결과물이다.

국립과학관과 극지연구소 같은 기관에서는 매년 '극지 체험단'이라는 이름으로 중·고등학생을 몇 사람씩 뽑는다. 거기에 응모해 합격하면 남극 세종기지나 북극 다산기지에 1~2주 머물 수 있다. 2010년에는 8명을 뽑아 북극 다산기지를 체험하게 하였다. 앞으로 그 수는 늘어날 가능성이 높다.

그도 아니면 관광객으로 남극에 가는 방법도 있다. 남극에 있는 사람이나 기관에서는 일반인들의 남극 관광을 반가워하지 않는 편인데도, 남극 관광의 인기는 날로 높아져 관광객이 점점 늘어나고 있다. 그러나 탑승한 관광선이 반드시 세종기지를 들른다는 보장은 없다.

111
좋아하는 일을 찾아야 겨울을 날 수 있다?!

집에 남은 가족에게는 미안하지만 월동대로 남극에서 겨울을 나는

남극에서 겨울을 나는 사람들에게 손님은 아주 반가운 존재이다. 1991년 말 관광선 프런티어 스피릿호의 선장(가운데)이 세종기지를 찾아왔다.

것은 좋은 점이 많다. 남극의 공기가 맑고 깨끗하며 조용한 데다 문만 열면 아무 데서나 볼 수 없는 대자연이 펼쳐져 있다. 사무실에 있어도 좀처럼 전화도 오지 않고 찾아오는 사람도 없어 한갓지며, 출퇴근하는 데 전혀 시간이 걸리지도 않는다.

그러나 기지 안에서 1년을 보내기가 결코 쉬운 일은 아니다. 월동대원들은 남극의 생활을 좋아하고 하루하루를 재미있고 알차게 지낼 수 있는 방법을 찾아내야 한다. 먼저 남극에서 월동을 잘하려면 물리지 않고 오래 할 수 있는 좋아하는 일을 찾아야 한다. 예를 들면, 사진을 찍거나 책을 보거나 붓글씨를 쓰거나 산책을 하는 것처럼 매일 또는 규칙성 있게 할 수 있는 일이 있어야 한다. 자연에 대한 호기심이나 경외심을 갖고 있다면 지내기가 한결 좋다. 시시각각 변하는 바람의 방향이나 해가 뜨고 지는 방향, 날아다니는 새, 눈 덮인 언덕, 해안에 올라온 펭귄의 행동, 해수면과 해안선의 변화 같은 대자연의 사소한 변화에도 기쁨을 느낄 수 있다면 남극의 생활은 조금도 지루하지 않을 테니까 말이다.

아무리 철저히 준비해서 들어가도 늘 무엇인가 부족한 곳이 남극이다. 물질도 그렇지만, 마음대로 외출할 수도 없고 설령 외출을 한다고 해도 멀리까지 편하게 돌아다니지 못한다. 뿐만 아니라 한 건물 안에 살며 매일 같은 사람들을 만나고 비슷한 음식을 먹는 일이 마음에 들지 않을 수도 있다. 그러나 이러한 문제들을 해결할 수는 없다. 부족한 것은 부족한 대로 참아 내야 한다. 견디지 못하고 불평하기 시작하면 해결할 방법이 없으므로 결국 자신만 괴로워지고 외톨이가 될 뿐이다.

월동대 대장과 총무의 임무 가운데 하나는 대원들이 지루해 하지 않도록 끊임없이 새롭게 즐길 만한 무엇인가를 찾아내는 것이다. 이를테면 당구나 탁구, 족구처럼 여럿이 함께 즐길 수 있는 운동도 좋고 등산, 하이킹, 스케이트나 스키도 좋다. 조각, 서예, 실내 게임 같이 취미로 즐길 수 있는 것도 좋고, 외국어 회화 연습도 좋다. 야외 불고기 파티처럼 메뉴를 바꾸거나 식사하는 장소를 옮기는 것도 좋은 방법이다.

남극에서 겨울을 잘 보내려면 남극을 좋아하고 월동 생활을 즐겨야 한다. 그러려면 남극의 대자연과 대화를 할 수 있을 정도로 아름다운 남극의 매력을 찾아내야 하고 월동 생활에서 기쁨을 느껴야 한다. 어려워 보이지만 개인의 노력에 따라서는 상당히 가까이 갈 수 있다.

6 우리나라 남극 연구의 미래는

112

쇄빙선은 '부르르' 진동하기도 한다?!

쇄빙선은 글자 그대로 얼음을 깨는 배이다. 배가 얼음을 깨는 원리는 무엇이며 어떤 특징이 있을까? 쇄빙선이 얼음을 깨는 원리는 배의 무게로 얼음을 눌러 깨는 것이다. 곧 쇄빙선 안에는 큰 탱크 2개가 있어서 물이 뒤쪽 탱크로 가면 배의 앞부분이 들려 얼음 위로 올라가고, 배가 앞으로 가면서 물이 다시 앞쪽 탱크로 쏠리면 배의 앞부분이 무거워져 얼음을 눌러서 깬다. 그러므로 쇄빙선에는 물을 쉽고 빠르게 앞뒤로 옮기는 특수한 장치가 있다.

쇄빙선의 선체는 영하의 찬 바닷물 속에서도 깨지지 않는 강력한 특수 강판으로 만든다. 아무리 쇄빙 원리가 좋아도 선체가 찬 얼음물에 쉽게 깨지면 안 되기 때문이다. 또 배의 늑골을 많이 대어 얼음의 압력에 견디게 만든다. 배가 깨지지 않은 단단한 얼음 위에 얹히지 않도록 막아 주는 장치도 있다. 배의 앞부분으로 얼음을 들이받아서 깰 수도 있지만, 그 충격이 배에 있는 장비에 좋지 않아서 그런 식으로 얼음을 깨는 일은 거의 없다. 예상치 못한 날씨에 쇄빙선이 바다 한가운데에서 유빙 사이에 갇혀 얼어붙는 것을 막기 위해 스스로 선체를 떨게 하는 장치도 있다.

우리 쇄빙선이 건조되기 전에는 러시아의 내빙선을 빌려 물자를 운반하고 조사도 하였다. 내빙선은 이름 그대로 얼음에 잘 견디는 배로, 배의 양옆을 강하게 만든다. 이 배를 조종하는 러시아 선장은 배의 안전을 최우선으로 해서 언제나 빙산에서 멀리 떨어져 운항하기 때문에 연구원들이 가고 싶은 곳에 가지 못하는 일이 많았다. 그러나 이제는 그런 일이 아주 많이 줄었다. 우리도 쇄빙선을 가지고 있으므로.

113

쇄빙선은 빙산도 깰 수 있다?!

얼음을 깨며 항해하는 쇄빙선이라고 해도 빙산은 깨지 못한다. 세상에 빙산을 깰 수 있는 배는 없다. 아무리 강력한 쇄빙선이라도 빙산에 부딪히면 백이면 백 모두 타이타닉호처럼 가라앉는다. 빙산을 깨지 못하면 쇄빙선이 깰 수 있는 얼음은 어떤 것일까? 바다가 언 얇은 얼음만 깬다. 쇄빙선마다 차이는 있지만 얼음 두께가 1~2미터 남짓인 경우에 얼음을 깨며 항해할 수 있다.

우리나라 최초의 쇄빙선은 얼음 두께가 1미터 내외인 해빙, 곧 바닷물 위의 얼음 높이가 20센티미터 정도인 얼음을 깰 수 있다. 반면 2만 6000톤 규모로 세계에서 가장 큰 원자력 쇄빙선인 러시아의 승전 50주년호 두께가 2.8미터인 해빙도 깰 수 있다. 쇄빙선이 항해하며 얼음을 깰 때에는 '쿵쿵' 하는 소리와 충격 때문에 잠을 잘 수 없을 정도이다. 깨진 얼음 덩어리가 배를 때리는 충격도 대단하다.

쇄빙선이라고 해서 거침없이 아무 바다나 항해하는 것이 아니라 빙해 항해사가 안내하는 대로 간다. 빙해 항해사는 얼어붙은 바다에서 배를 안내하는 전문가이다. 빙해 항해사가 인공위성 사진을 받아 얼음의 두께를 파악한 뒤 기상 예보로 바람을 예상하고 해류를 살펴 얼음과 빙산의 분포를 알려 주면, 선장은 그 정보를 보고 가장 안전한 길이라 판단되는 대로 항해를 한다.

바다가 갑자기 얼어붙으면 쇄빙선도 얼음에 갇힐 수 있다. 이러한 경우에는 다른 쇄빙선이 가서 구조를 해야 한다. 관광 유람선이 얼어붙은 적도 있었다. 남빙양으로 나오는 배는 얼음에 갇히는 일을 피하기 위해 모두 기상과 얼음에 관한 인공위성 자료를 받아 세밀하게 날씨와 바다를 예측하지만, 가끔은 이런 뜻밖의 일이 생긴다.

114

극지 연구에서 쇄빙선이란?

극지 연구에서 쇄빙선이 갖는 의미는 무엇일까? 한마디로 표현한다면 극지 연구에 없어서는 안 되는 아주 중요한 존재이다. 바다도 얼어붙는 남극에서는 쇄빙선이 아니면 갈 수 없는 지역이 있기 때문이다. 쇄빙선은 얼음으로 덮인 바다를 헤치며 나아갈 수 있으므로 그만큼 연구 지역을 넓혀 준다. 실제로 남극 대륙을 포함한 남빙양은 대부분 해빙이나 빙산으로 덮여 있어서 내빙선으로 갈 수 없는 곳이 많아 쇄빙선의 존재가 중요하다.

또 내빙선은 해빙 지역에는 들어가지 못할뿐더러 빙산이 떠 있는 남빙양으로 들어가거나 항해하지 못한다. 그래서 전에는 남빙양이 해빙으로 덮이는 늦은 여름이나 이른 봄에는 하는 수 없이 현장 답사를 미루거나 포기할 수밖에 없었다. 쇄빙선은 이런 시기에도 남빙양을 항해할 수 있어서 연구 기간도 길어진다.

물론 쇄빙선이라고 해서 아무 때나 남빙양 어디에나 갈 수 있는 것은 아니다. 남극 대륙의 주변은 상당히 두꺼운 해빙으로 둘러싸여 있거나 빙산이 떠 있는 곳이 많기 때문이다. 쇄빙 능력은 배마다 다르고 한계도 있다. 차이는 있겠지만 대부분의 쇄빙선은 남극 대륙 해안에서 최소 수 킬로미터, 최대 수십 킬로미터까지는 갈 수 있다. 한계가 전혀 없는 것은 아니지만 쇄빙선이 있다는 것은 남극 연구에서 연구 지역과 연구 기간을 확장하는 효과를 볼 수 있다. 따라서 그

존재만으로도 대단한 수단이자 자산이다. 한마디로 표현해서 남극
을 연구하는 데 쇄빙선이 있고 없고는 하늘과 땅 차이이다.

115

쇄빙선은 남극 연구의 미래이다?!

우리나라는 1978년 남극에 관심을 가지기 시작한 뒤, 세종기지를 중
심으로 육상과 남빙양 연구를 계속해 왔다. 그러나 문명 세계와 멀
리 떨어져 있어 사람들이 남극까지 가기가 쉽지 않을뿐더러, 남극에
들어가서도 거대한 크기에 비해 우리가 연구하는 지역은 아주 좁은
지역으로 국한되어 있었다. 이는 넓은 남극을 연구하려면 빠르게 움
직일 수 있는 이동 수단이 반드시 필요한데 적당한 교통수단이 없었
기 때문이다.

　우리가 가까이 가기 쉽지 않았던 남극 대륙까지 갈 수 있게 된
네에는 얼음을 깨면서 나아가는 쇄빙선의 힘이 컸다. 쇄빙선이 남극
까지 가는 거리를 크게 줄여 주었다. 물론 쇄빙선이 있다고 남극에
서 교통 문제가 모두 해결되는 것은 아니다. 거대한 남극 대륙에서
기동력 있게 움직이려면 헬리콥터와 비행기가 있어야 연구 지역과
내용이 다양해질 수 있다. 그럼에도 남극까지 접근해 가는 거리를
좁혔다는 것만으로도 쇄빙선의 의미는 크다.

　2009년 12월에 한진중공업이 건조한 우리나라 최초의 쇄빙선이
극지를 향해 항해에 나섰다. 이 배의 전체 길이는 111미터, 폭은 19

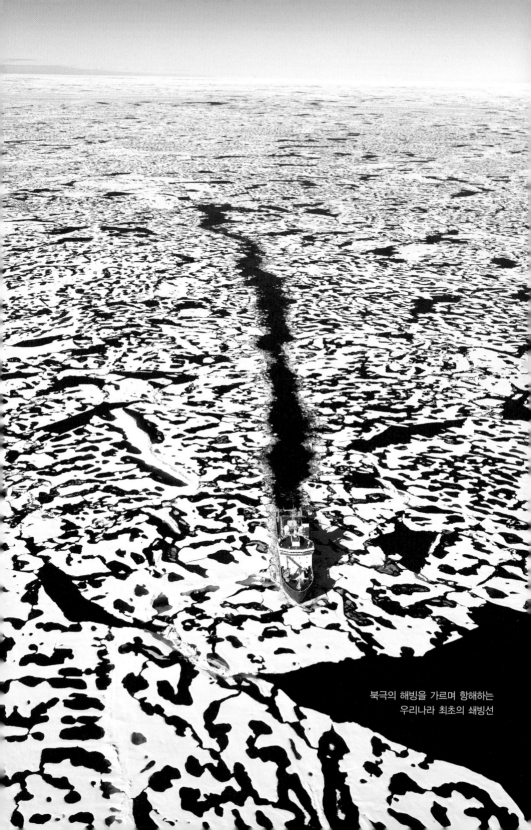

북극의 해빙을 가르며 항해하는
우리나라 최초의 쇄빙선

우리가 건조한 최초의 쇄빙선

미터이며, 총톤수는 7487톤이다. 승선 인원은 승무원 25명을 포함해 85명이 탈 수 있다. 이 쇄빙선은 1미터 두께의 얼음을 깨면서 시속 5.6킬로미터로 항해할 수 있다. 물론 기상과 바다, 땅속에 관한 자료를 얻고 처리할 수 있는 최신 장치가 있으며, 인공위성 자료도 받을 수 있다. 2대의 헬리콥터를 실을 수 있고 25톤 크레인이 설치되어 있다.

116

남극 대륙은 가까이 가기도, 올라가기도 힘들어!

문명 세계에서 남극으로 가는 일은 결코 쉽지 않다. 가장 가까운 남극반도 북쪽에 있는 섬까지 가는 것도 날씨의 영향을 많이 받기 때문이다. 비행기를 타면 빠르고 쉽게 갈 수도 있겠지만, 그러려면 비행기가 내릴 만한 곳이 반드시 있어야 한다. 게다가 비행기는 날씨의 영향을 많이 받는다. 그나마 배가 비행기보다 날씨의 영향을 덜받으며, 대부분이 암벽과 빙벽으로 되어 있는 남극의 해안까지 갈수 있다. 남극반도의 일부 해안처럼 해안이 자갈이나 낮은 바위로되어 있으면 고무보트로 다가가 올라갈 수 있다.

하지만 남극 대륙에서 가까운 바다는 안개도 잘 끼고, 바람이 세며 파도도 높기 때문에 뛰어난 빙해 항해사가 있어야 항해할 수 있다. 해안은 거의 해빙과 빙산 같은 얼음으로 둘러싸여 있어, 남극 대륙으로 안전하게 빨리 올라가려면 반드시 헬리콥터가 있어야 한다. 남극 대륙의 해안은 주로 빙벽이나 암벽이어서 쇄빙선에서 내려 고무보트를 이용하는 것은 머릿속 상상에서나 가능한 일이다. 그럴 만한 곳에는 이미 다른 나라의 기지가 세워져 있다.

남빙양과 남극 대륙에서 빨리 움직이려면 최소한 쇄빙 능력이 좋은 쇄빙선과 헬리콥터가 있어야 하고, 이것들을 조종할 수 있는 전문가들, 곧 빙해를 항해한 경험이 풍부한 빙해 항해사와 빙해 선장, 헬리콥터 조종사, 정비사가 있어야 한다. 또 쇄빙선에는 헬리콥터 2대를 보관할 격납고와 이착륙장이 갖추어져 있어야 한다. 한마디로 국가가 힘이 없으면 남극 대륙에 올라가는 것은 말할 것도 없고 가까이 갈 수조차 없다. 실제로 빙산이 여기저기 떠 있는 해빙을 뚫는 쇄빙선이 남극 대륙 가까이 간다는 것 자체가 남극에 대한 관심과 더불어 국가의 힘을 상징한다.

117

남극 대륙 연구의 새 터전, 장보고기지

1988년 세종기지를 준공한 이후 1990년대부터 남극 제2기지 이야기가 간간이 나왔으나 진척은 없었다. 제안한 사람 스스로도 진지한 생각 끝에 낸 의견이 아니라 한번 던져 보는 식이었기 때문이라 생각된다. 금융 위기도 넘기고 경제 형편이 나아지자 2002년 7월 여러 부처가 힘을 모아 만든 '극지과학기술개발계획'이 국가과학기술위원회에 보고되어 확정되었다. 이에 당시 해양수산부가 극지 연구를 추진하기로 하고, 극지연구소를 설립하고 쇄빙선을 건조하는 실행 계획을 세웠다. 남극 대륙에 제2기지를 건설하는 것도 이때 결정되었다. 남극을 연구하는 사람들로서는 숙원이 이루어지는 순간이었다. 마침내 2004년 4월 한국해양연구원 부설로 극지연구소소장 김예동 박사를 설립하고 쇄빙선도 건조하기 시작하였다.

남극 대륙의 기지 건설이 결정되자 극지연구소는 여러 경로로 기지 후보지를 찾아 나섰다. 외국의 전문가를 초청하거나 찾아가 조언을 구해서 서남극에 후보지 몇 곳이 정해졌다. 러시아가 자국의 기지를 찾아가기 위해 띄운 내빙선을 얻어 타고 후보지로 정해진 곳들을 답사하였다. 한 곳은 펭귄의 군서지로 도저히 사람이 그들과 함께하며 기지를 지을 수 없는 곳이었고, 다른 한 곳은 디가 좁고 지대도 높아 기지를 짓기에 좋지 않았다.

러시아 사람들이 소개해 준 곳도 있었는데, 바람이 워낙 심하게 불고 해안이 암벽으로 되어 있어 쉽게 상륙할 수 없었다. 게다가 부근 앞바다도 얼음 바다라서 50킬로미터 이상을 헬리콥터로 날아가야만 했다. 러시아 사람들의 말로는 5~10년에 한 번씩 얼음이 깨진다고 했지만, 그런 곳에 기지를 지을 수는 없었다. 고민이 깊어 가던 즈음 2008년 말 뉴질랜드 사람들이 테라노바 베이를 소개해 주었다.

우선 지형이 평탄하고 넓어서 느낌이 좋았다. 2009년 초에 직접 현장을 답사해 보니 후보지 자체가 넓고, 해안이 돌덩이와 자갈로 되어 있어 물자를 오르내리기도 쉬워 보였다고 한다. 부근에는 하계 기지이기는 하지만 이탈리아와 독일의 기지도 있어서 도움을 주고 받을 수 있을 것 같았다.

사전 답사와 다양한 자료를 모아 검토한 내용들을 바탕으로 드디어 2011년 3월 국토해양부는 테라노바 베이를 후보지로 결정하였으며, 그 뒤 현대건설을 기지 건설 회사로 선정하였다. 2011년 1~2월에는 건설 기술자와 과학자들이 장보고기지 건설 후보지를 꼼꼼하게 조사하였다. 그 결과, 해안의 해저 지형이 평탄해서 물자를 오르내릴 바지선이 닿기에도 좋고 해안 가까이 큰 배가 정박할 수 있을 만큼 깊이도 알맞다고 하니 남극 제2기지의 부지로는 더할 수 없이 적당한 곳이라 생각된다.

현재 2014년 준공을 목표로 추진하고 있는 장보고기지가 계획대로 잘 지어지면 우리나라의 남극 연구는 크게 뛰어오르고 탄력을 받게 될 것이다.

118

미래의 세종기지는?

2014년 장보고기지가 준공되면 우리나라는 남극에 2개의 기지를 가지게 된다. 기지 수가 늘어도 남극조약 협의당사국 회의에서 발언권의 변화는 없다. 기지가 많다고 특별한 대우나 권리가 보장되는 것은 아니다. 그러나 기지 수가 늘어나면 기지의 성격도 명확해지고 임무도 분담될 테니 그만큼 남극 연구의 깊이와 질은 높아질 것이라 생각된다. 그렇다면 앞으로 세종기지는 어떻게 쓰는 게 가장 바람직할까? 의견이야 많겠지만 세종기지 주변의 자연과 지리의 특성을 적절히 이용하는 연구에 집중하는 게 유리할 것이다.

그렇게 하려면 세종기지 주변의 자연과 지리의 특성을 먼저 파악해야 한다. 세종기지가 자리 잡은 남극반도의 북쪽은 남극에서도 지구가 더워지는 현상이 가장 빠르고 눈에 띄는 곳이다. 벌써 남극반도 북쪽 일대의 기온과 수온이 빠르게 올라가고 있으며, 빙붕은 깨지고 빙벽이 크게 물러나는 현상이 나타나고 있다는 것은 앞에서 말했다. 당연히 지구온난화현상에 초점을 맞춘 연구를 진행하면 좋을 것이다. 물론 남극반도의 북쪽 외에도 지구가 더워지는 현상이 확연하게 나타나는 곳이 있으나, 아주 남쪽에 있는 데다가 땅이 없어서 발을 붙이기 힘들어 연구하기기 쉽지 않다.

남극반도 근처는 남빙양에서도 생물 종이 많고 빨리 늘어나는 곳이다. 크릴을 포함한 무척추동물이 많으며, 이를 먹고 사는 포유동물과 새들, 물고기들이 많이 모여들어 이들을 종합해서 연구하기에 유리하다. 이 말은 곧 세종기지에서 남빙양의 해양 생태를 연구하기가 좋다는 뜻이다. 또 빙산이 많아서 가까이 가기가 쉽지 않은 웨들 해도 멀지 않아서 웨들 해의 생태계를 포함한 일반 해양 연구도 하기 좋다.

남극반도의 북쪽 일대는 남극에서 얼음의 장애가 가장 적고, 문명 세계와도 가까운 곳이다. 문명 세계에서 드레이크 해협 1000킬로미터만 건너면 세종기지이고 남극반도이다. 남극 중에서는 일 년 내내 아무 때나 가까이 갈 수 있고, 시간도 많이 걸리지 않는다. 그러므로 앞으로 세종기지를 우리나라 청소년이나 선생님들이 남극 체험을 할 수 있는 곳으로 활용해도 좋겠다.

119

낟극 연구, 대륙 자체를 연구해야 한다?!

지금까지 우리나라의 남극 연구는 세종기지를 중심으로 육상과 남빙양을 주로 연구해 왔는데, 남극 대륙에 장보고기지를 건설하면 남극 대륙 자체도 연구할 수 있게 될 것이다. 그러면 남극 대륙의 하늘과 땅, 얼음, 남극 대륙에서 가까운 바다까지 남극을 더 깊이 있게 연구할 수 있다. 남극 대륙의 기지 건설과 더불어 우리나라의 극지 연구는, 극지 자체의 연구는 물론 순수 자연과학과 응용 자연과학의 연구 수준을 한 단계 높이는 기회를 맞고 있다.

순수 자연과학 연구로는 남극을 둘러싼 대기의 구조와 움직임을 집중해서 연구하는 대기 과학이 있다. 지면에서 수백 킬로미터 떨어진 높은 곳의 대기 상태를 연구하는 고층 대기 과학도 중요한 분야로, 우주 시대라 말해지는 21세기에는 이러한 연구가 한층 더 주목을 받게 될 것이다.

또 얼음과 눈으로 덮여 있다고는 해도 대륙인 남극을 이루고 있는 바위와 지층, 화석에 대한 연구도 이루어져야 한다. 뿐만 아니라 남극에서 일어나는 지진, 지자기와 중력 같은 내용을 다루는 지구물리학 분야도 빠질 수 없다. 이러한 지질 과학 분야는 연구 대상이 남극 대륙과 남빙양이 되므로 자연스럽게 연구 활동 지역도 넓어질 것이다. 남극 대륙의 빙원에 떨어진 운석, 빙원 아래의 호수와 땅도 연구 대상이다. 남극 대륙을 둘러싼 남빙양에 대한 연구도 빼놓을 수는 없다. 식물플랑크톤과 동물플랑크톤을 바탕으로 독특한 생태계를 형성하고 있는 남빙양은 지구의 환경이 변함에 따라 쉼없이 변하고 있다. 지구가 더워지면서 그 영향이 바다에서도 그대로 나타나는 것이므로 이 역시 소홀히 할 수 없다.

남극은 인간이 흉내를 낼 수 없는 독특한 자연환경을 가지고 있으므로 남극을 연구한다는 것은 우리나라에 없는 재료를 연구한다는 뜻이기도 하다. 그 가운데 하나가 얼음 연구이다. 거대한 빙상이나 빙하가 남극 대륙에만 있다는 점에서, 남극 연구에서 얼음 연구가 주는 의미는 크다. 얼음의 성분을 분석하면 기후 변화와 남극의 과거 지형을 연구할 수 있을 뿐 아니라 지구의 풍계와 수륙 분포를 포함한 환경도 유추할 수 있다.

또 얼음을 연구하려면 직접 남극 대륙에서 연구 재료인 얼음을 파내야 한다. 그러려면 얼음을 파는 기술자와 기계, 발전기, 연료가 있어야 하고, 그것들을 남극 대륙까지 옮길 수 있어야 하므로 관련 분야들과의 협력이나 기술 협조도 이루어져야 한다. 더불어 우리가 쇄빙선을 갖게 되면서 쇄빙선이 아니면 가까이 가기 힘든 남극 대륙 주변의 남빙양까지 연구할 수 있어 남극 연구의 깊이와 폭도 넓어질 것이다. 그런데 남극 연구는 남극의 특수함 때문에 국제 공동 연구의 성격이 강하다. 국제 사회에서 여러 나라와 어깨를 나란히 하고 남극과 남빙양에 대해 공동 연구를 활발하게 진행하는 데 쇄빙선은 좋은 수단이 되어 줄 것이다.

순수 자연과학 연구에 바탕을 둔 응용 자연과학 연구도 여러 분야가 있지만, 현재 극지연구소 연구원들이 관심을 갖는 분야는 생명과학 분야이다. 남극 대륙과 남빙양에 있는 미생물과 천연 물질들을 연구하고 있는데, 이러한 연구는 사람들의 삶의 질을 높이게 될 것이다. 남극의 미생물과 천연 물질에서 신물질이나 의약품을 개발해 내면 의료나 식생활에 큰 도움이 되기 때문이다.

지금은 극지연구소에 전문가가 없지만, 앞으로는 극지에서 재료의 변질을 연구하기도 하고 인간의 심리와 의료 분야 그리고 동토 건축을 포함한 토목 공학 같은 응용 분야의 연구도 활기를 띨 것이라 기대한다.

또 남극 같은 곳을 연구할 수 있도록 돕는 장비에 대한 연구도 이루어질 것이므로, 더 많은 재료와 항목을 깊이 있게 분석하고 해석할 수 있게 될 것이다. 이를 바탕으로 전문가들이 깊이 있는 토론을 하고 연구를 진척시킴으로써 전에는 상상도 하지 못한 새로운 결과를 이끌어 낼 수도 있다. 한마디로 우리나라 남극 연구 수준의 질이나 양이 한 단계 성장할 것이다.

극지연구소, 여는 글 5쪽, 눈보라 23쪽, 크레바스 31쪽, 무지개 41쪽, 남극점 45쪽, 바다로 흘러내리는 얼음 52쪽, 크레바스 53쪽, 누나탁 65쪽, 에러버스 화산 68쪽, 세종기지 부근 남극물개 85쪽, 크릴 떼 92쪽, 남극대구 103쪽, 남극빙어 104쪽, 루스카야 기지 138쪽, 라르센 빙붕 155쪽, 세종기지 초기 모습 167쪽, 2009년 세종기지 175쪽, 담수 장비 177쪽, 남극 재배 식물 179쪽, 다산기지 입구 191쪽, 롱여빈과 니알레순 193쪽, 기지 주변 산책 196쪽, 눈 덮인 세종기지 201쪽

극지연구소 운석탐험대, 얼음 덮인 남극 대륙 15쪽, 운석 탐사 대원 27쪽, 텐트 치는 대원 35쪽, 스키두 54쪽, 운석 조사대 82쪽, 연구 재료 채집 184쪽

김동엽(극지연구소), 식물 구경 196쪽

김정훈(극지연구소), 도둑갈매기 20쪽

마르틴 미키스카(체코 기지), 세종기지 부근 황제펭귄 97쪽

박용철(극지연구소), 남극점 기지 133쪽

백영식, 2009년 기지 야경 146쪽

소재귀(한국해양연구원), 야외작업 28쪽, 완충장치 수리 195쪽

스테파노프 V, 갈라지는 탁상형 빙산 76쪽

심문보(국립해양조사원), 남극 진드기 101쪽, 칠레 어린이 135쪽, 눈 덮인 건물들 170쪽, 세종기지 손님 208쪽

아르헨티나 남극연구소, 오먼드 하우스 121쪽

영국 남극연구소, 스콧 일행 16쪽, 램버트 빙하 56쪽, 남극 대륙 65쪽

영국 블런티샴 고서적상, 순록 109쪽, 벨지카호 119쪽, 섀클턴 탐험대의 인듀어런스호 123쪽

이병돈, 이병돈 연구 논문 161쪽

이정수, 여명 36쪽, 코끼리해표·웨들해표 85쪽, 크랩이터해표 90쪽, 남극의 황혼 201쪽

임완호(DMZ와일드), 테라노바 베이 49쪽, 펭귄 군서지·운동·먹이주기 94쪽, 턱 끈펭귄 95쪽, 눈 피하는 펭귄 172쪽, 세종기지 부두 187쪽

정회철, 젠투펭귄 95쪽

제오프 소머스(영국 남극연구소), 남극점 도착기념 129쪽

진영근, 2009년의 세종기지 167쪽

최문영(극지연구소), 언 바다 201쪽

하준걸, 얼어 붙은 펭귄 군서지 72쪽

한승우(23차 월동대원), 동지 축하 38쪽

한승필, 눈 물결 25쪽, 얼음 59쪽, 남극의 여름_황혼·빙산·기지 부근 바다 71쪽, 거대한 빙붕과 빙벽 74쪽, 탁상형 빙산 76쪽, 유빙 78쪽, 주홍색 기지 138쪽, 하 늘에서 내려다본 세종기지 166쪽, 제24차 월동대 발대식 198쪽, 남극 풍경 204, 205쪽, 북극 항해 쇄빙선 215쪽, 쇄빙선 216쪽